疯狂博物馆·湿地季

陈博君 /著   柯曼 /绘

ZHEJIANG UNIVERSITY PRESS
浙江大学出版社

目 录

引子 博物馆里有蚕宝宝吗

"爸爸，你们博物馆里有没有桑树的复原场景啊？"听到卡馆长开门进来，正在做作业的卡拉塔赶紧放下手中的笔，跑过去问道。

"桑树？"卡馆长一边把脱下的鞋子放进鞋柜，一边面带疑惑地转向卡拉塔，"有啊，我们的江南厅里不是有**三基鱼塘**的复原场景吗？那里面就有不少仿真的桑树……"

"那太好了！不过爸爸……"卡拉塔摸了摸后脑勺，"你们博

三基鱼塘是聪明的农民利用生物链良性循环的道理，根据当地的自然条件特点，创造出来的一种独特而科学的农业生产方式。它的基本原理就是：在鱼塘周围种植各种农作物，用农作物的落叶来喂养鱼儿，又用鱼儿的排泄物来做这些农作物的肥料，这样一举两得，达到渔业和种植业的双丰收。

鱼塘的塘基上可种植桑树、竹子、鲜花、甘蔗，以及柿子等果树，与鱼塘结合，就分别称为桑基鱼塘、竹基鱼塘、花基鱼塘、蔗基鱼塘、柿基鱼塘或果基鱼塘。

物馆里怎么会有鱼塘的场景呢？难道鱼塘也是湿地吗？"

"当然啦！"卡馆长笑了起来，"很多鱼塘都是农民们亲手挖出来的，那就是人工湿地啊；不过我们馆里展示的那些三基鱼塘，是在自然的湖漾池塘湿地基础上，经过人们的长期改造形成的，所以这个不算人工湿地，而是城市次生湿地。"

"这么复杂呀。"卡拉塔一时有些搞不明白。

"也不复杂呀。天然形成的就叫原生湿地，像这样被人类改造过的，就是次生湿地了嘛！"卡馆长笑着说。

"哦，原来是这样。"说着，卡拉塔好像突然想起了什么，"对了，爸爸，那在你们馆里肯定能见到蚕宝宝吧？老师说，蚕宝宝

湿地分为原生类和人工类两大类：天然形成的就称为原生湿地，比如河流、湖泊、沼泽等；由人工开发建成的则称为人工湿地，比如运河、水库、梯田等。那么还有一种湿地，起先是天然形成的，后来又经过了人类的改造，这种又该算什么湿地呢？这种湿地形态虽然保持了原生湿地的许多特性，但已不能算是纯天然的原生湿地。同时，这种湿地又与水塘、水库、水田等完全由人工修建起来的人工湿地有着根本的差异，虽然它也兼具了一些人工湿地的特征。为了区别于原生湿地和人工湿地，人们就把它叫作次生湿地。

而位于城市范围内的次生湿地，当然就叫城市次生湿地啦，比如西溪湿地就是很典型的城市次生湿地。

蚕宝宝是一种鳞翅目昆虫，以吃桑叶为生。它的食量非常大，能昼夜不停地吃，吃下桑叶之后就拉出一颗颗黑黑的像小地雷一样的粪便，所以生长得非常快。

蚕宝宝是一种变态的昆虫，它的幼虫经过四五次蜕皮后，成为熟蚕，然后就会吐丝结茧，最后再化蛹成蛾。

茧丝是一根完整的丝线，足足有300到900米长呢！这种丝线是天然的动物纤维，不仅保暖性超强，而且透气透湿性也很好，人们把它当成制作丝绸的主要原料。

就喜欢吃桑树叶的。"

"蚕宝宝？这个我们的场景里好像没有哎！"

"呀！有桑树，怎么可以没有蚕宝宝呢？桑树种起来，不就是为了养蚕取丝的吗？怎么可以没有蚕宝宝呢，真是的！"卡拉塔嘟着嘴，显得有些不满。

"你这孩子！"卡妈妈端着一盘热气腾腾的菜肴从厨房里走了出来。现在她可喜欢给父子俩做菜了，只要公司里没啥特殊情况，一下班就会赶回家做香喷喷的饭菜。

"快别站在门口说话了，洗洗手，马上就开饭了。"卡妈妈催促道。

"好，开饭开饭。"卡馆长一边走去洗手，一边回头问跟在身后的卡拉塔，"你干吗非要见到蚕宝宝啊？"

"这是老师布置给我们的作业呀！他要求我们想办法观察蚕宝宝的生长状况。"

"这样呀，我想想，"卡馆长调皮地眨了眨一只眼睛，"有了，有个办法！"

"什么办法？什么办法？爸爸您快说！"

"我们馆里的4D影院，前不久刚刚引进了几部片子，其中有一部就是讲三基鱼塘的，片子里好像就有介绍蚕宝宝生长过程的内容……"

"真的呀？太好了太好了！"卡馆长话还没说完，就被卡拉塔兴奋地打断了。

"可是，那样就只能通过影片来了解蚕宝宝，并不是现场观看真正的蚕宝宝哦，不知道这样行不行？"

"行的！行的！"卡拉塔把握十足地说道，"老师只说让我们观察蚕宝宝的生长情况，并没说非得要现场观察才行啊！"

卡拉塔嘴上这么说着，其实心里却在暗暗地得意：嘿嘿！我有宝贝神鼠嘀嘀嗒的鼎（dǐng）力相助，还怕啥呢？反正只要能看到桑树和蚕宝宝的场景，我们就可以穿越进去，还怕观察不到蚕宝宝的生活现场状况吗？

一 那不是小鸭子

周二的下午只有两堂生物课，老师准备带同学们去城郊的小村庄里观察蚕宝宝。不过卡拉塔并不打算跟他们一起去，因为他有更好的计划，他想亲身体验一下做蚕宝宝的感觉，那不是更有意思吗？

生物老师是一位刚从大学校园毕业没多久的毛头小伙，他的教学方式与众不同，非常宽松。比如在安排这堂观察蚕宝宝生活状态的课时，他居然鼓励同学们分头单独行动。

他是这样跟同学们说的："下一堂课，我们的学习任务是了解蚕宝宝的生活状态。同学们，你们各显神通自己想办法去观察蚕宝宝，把你们观察到的情况记录下来，第二天上午交给我。注意，观察笔记不能少于500字哦，你们必须观察得非常非常仔细才可以。"

"老师，可我们没地方去观察蚕宝宝，这咋办呢？"有同学举手问道。

"这个大家别担心，没办法自己单独行动的同学，下一堂课就跟着老师去郊外，老师带你们去观察。能够自己想办法解决这个问题的，就尽量单独行动！"

结果，同学们都跟着老师去了郊外，只有卡拉塔一个人，背着书包悄悄来到了湿地博物馆。

这天的博物馆里好安静呀，参观的人非常少，完全没有双休日里那种人山人海的样子。但即使是这样，卡拉塔还是没有直接去4D影院。他得找个地方，先跟嘀嘀嗒把行动方案商量好了，否则在影院里把嘀嘀嗒召唤出来，万一有其他观众在呢，不是要被吓傻了？

卡拉塔背着双肩书包走进江南厅，在一块一块不同类型的湿地复原场景中穿梭着。嘿，爸爸说得没错，真的有一块三基鱼塘呢！只见一小口一小口的池塘，就像鱼鳞一般密密麻麻地连在一

4D电影是利用四维特效设备、声光电技术和各种环境特效设备精心制作而成的立体影片，观众可以完全沉浸在逼真的模拟环境当中，体验到强烈的临场感和视觉冲击震撼。比如在观看电影的过程中，观众能感受到震动、坠落、吹风、喷水、挠痒、戳背、扫腿等各种真实体验，体会到烟雾、下雨、飘雪、光电、气泡、气味等特殊效果，从而获得视觉、听觉、触觉、嗅觉等全方位的感受。

观看4D电影需要戴上一种特殊的眼镜，这种眼镜叫作"偏振光眼镜"。

桑树是一种落叶乔木或灌木，最高可长成15米的大树，但是我们平常见到的，大多是不算太高的灌木。桑树长着卵形的叶片，头儿上尖尖的，叶边有锯齿，叶色是鲜绿鲜绿的，正面光溜溜的，叶背却长满了刺刺的细毛。这种桑叶，就是蚕宝宝最最钟爱的美食了。

春天的时候，桑树会开出淡绿色的小花，到了六七月份，这些小花就结成了一串串紫红色的桑椹。桑椹的味道甘甜多汁，营养也十分丰富，不仅可以摘下来直接吃，还能做成桑椹饼干、桑椹酒、桑椹汁、桑椹茶等各种食品。

起。在池塘之间的田埂上，栽种着一棵棵茂盛的小树。卡拉塔仔细一看，那不正是蚕宝宝最爱吃的桑树吗？瞧那些绿油油的叶片，宽宽大大的，边上满是锯齿。没错，这就是桑叶！

卡拉塔走到桑树旁，转头向四周探了探，发现周围正好没人，于是他赶紧卸（xiè）下背包，从里面把标本仓鼠拽了出来，捧到手中，双眼凝望着那对乌溜溜的大眼睛。

"淘气的小坏蛋，别睡懒觉啦！"随着卡拉塔的一声轻唤，嘀嘀嗒瞬间复活。只见他扭了扭肥嘟嘟的身子，伸着懒腰道："臭卡，还没到双休日呢，叫醒我干吗？都不让我好好睡觉！"

"不许睡啦！我有一个重要任务，得马上完成，你快帮帮我！"

一 那不是小鸭子

卡拉塔压低嗓门说道。

"什么任务？快说快说！"一听有任务，嘀嘀嗒立马来了精神。

这时有一个观众正远远地朝这边走来，卡拉塔赶紧轻"嘘"了一声，一把将嘀嘀嗒抓回手中，另一只手紧紧地捂住了他的小嘴，不让他发出一丁点儿声音。

那个观众渐渐走近了，卡拉塔朝他偷偷地瞥了一眼：这是个头发很长的中年男子，高高瘦瘦的，穿着一件黑色的风衣，戴着一顶帽檐压得低低的宽檐礼帽，显得有些神神秘秘的。

幸好，这个黑衣男子的注意力完全都在展品上，他一边浏览着复原场景里的展览内容，一边从卡拉塔身边慢慢地走了过去，似乎根本就没有留意到身边这个慌里慌张的少年。

"放手，放手，我快被你闷死啦！"那个观众渐渐走远后，嘀嘀嗒奋力挣扎着推开了卡拉塔的手。

"嘿嘿，抱歉抱歉，我也是为你的安全考虑嘛。"卡拉塔讨好地堆起笑容。

"喊！我的安全还用得着你考虑！"嘀嘀嗒撇撇嘴，"说吧，你到底有什么重要任务？"

于是，卡拉塔就把生物老师布置的特殊作业说了一遍。

"你们这位老师，还蛮有个性的嘛，给他点个赞！"嘀嘀嗒

举起了肉嘟嘟的小爪子。

"是啊，所以我就配合他的要求，单独行动啦。不过，我可不想只是观察蚕宝宝，我还想体验一下做蚕宝宝是啥感觉……"

"所以你的意思是？"嘀嘀嗒惊讶地睁大了眼睛，"想变成一条蚕宝宝？"

"对啊，你别那么大惊小怪好不好！变蚕宝宝有什么不好呢？反正只是客串一下嘛，嘿嘿。"

"卡拉塔，我说你还是个学霸呢，动动脑筋好不好！"嘀嘀嗒生气地责怪道，"跟你说过多少回了，不管变什么，一定要有相应的场景和标本或者图片才行。你看看这里，哪有什么蚕宝宝的标本或者图片呀！"

"哦哦，对不起对不起，是我说着说着就忘了。"卡拉塔赶紧拱拱手，嬉皮笑脸道，"我们赶紧去4D影院吧，三基鱼塘的立体电影快要开始了，那影片里有蚕宝宝的！"

　

湿地博物馆的4D影院在地下一层，里面放映的立体电影可好看了，坐在会前后左右摇动的椅子上，就像进入了真实的故事场景一样，可刺激可好玩了。记得有一次，卡拉塔在那里看了一部名叫《蚂蚁搬苍蝇》的4D电影。那些活泼可爱的蚂蚁就像活了似的，成群结队地在面前的草丛里爬来爬去，太有意思了！最叫人毛骨悚然的是看到一条大毒蛇从远处唰唰唰地爬过来的时候，卡拉塔感觉脚下的裤脚边，窸窸簌簌的好像真有东西爬过去呢，吓得他赶紧抬起了双腿。可就在这个时候，那条大蛇突然张开血盆大口，向着他猛地扑了过来，那排尖尖的牙齿仿佛马上就要咬到卡拉塔的手臂，惊恐万状的他忍不住尖叫起来。结果嘛，哈哈，当然只是虚惊一场啦！

这回，卡拉塔打算跟嘀嘀嗒一起，从这个有意思的影院中穿越到电影的场景里去，哈哈，那感觉一定超级棒吧！

"爸爸说，那部立体电影是介绍三基鱼塘的，里面不仅有桑树林，还有介绍蚕宝宝生长知识的内容，当电影放到蚕宝宝出现的时候，我们就穿越进去，这样应该没问题吧？"一想到可以尝试一种新的穿越方式，卡拉塔就浑身激动。

"可以是可以的，不过你确定要变成一条虫子吗？"嘀嘀嗒皱着眉头，忧心忡忡地说道，"蚕宝宝可是非常脆弱的哦，湿地里的那些鸟儿啊，小动物啊，都会来吃你的，到时候你连一点保护自己的办法都没有。"

"这样啊，这个我倒没想过……"听嘀嘀嗒这么一说，卡拉塔下意识地挠起了头。

"是啊，湿地里到处充满了危机，你难道还没领教够啊？不行，我不能让你变蚕宝宝，那太危险了，我得确保你的生命安全！"嘀嘀嗒态度坚决地说道，"你可以变成其他小动物嘛，比如鱼儿啊，小鸟啊，松鼠啊，反正只要能够灵活行动，遇到危险可以尽快逃跑的就行。"

"可老师布置的作业，是要写蚕宝宝嘛！"卡拉塔还有点纠结。嘀嘀嗒干脆利落地打断了卡拉塔："你们老师是让你观察蚕宝宝，又没有让你直接变成蚕宝宝好不好？你变成其他小动物，不是一样可以非常仔细地观察蚕宝宝的吗？"

"这倒也是……"卡拉塔终于动摇了，不过他还想讨价还价，"那，变其他小动物也行，不过这回不要再去体验生命的诞生过程了行不？这次任务有点紧急，我回去还要写一篇500多字的观察笔记呢，我们就别耽误时间了，干干脆脆地直接变成要变的动物好吗？"

"这个可以答应你。"嘀嘀嗒点点头，"那你想要变什么？想好了吗？"

又是这个问题！真伤脑筋。卡拉塔眉头紧锁地回头张望起来。忽然，他的脸上绽开了笑容，伸手指向了身后三基鱼塘复原场景的水面上："我要变那个，小鸭子！"

两只嘴巴尖尖的标本"小鸭子"，正在亚克力做成的仿真水面上静静地漂浮着，亮闪闪的灯光从屋顶照射下来，将两只"鸭子"小小的身影投射在了光洁的亚克力板上，显得格外俏皮可爱。

鹔鹏是一种潜鸟，身体有25～29厘米长。它们的上半身是黑褐色的，下半身是白色的，后脖子上长着黑褐色的羽冠，长得小巧玲珑而又可爱。

鹔鹏喜欢在湖泊、水塘、水渠、池塘和沼泽地带生活，擅长游泳和潜水，最爱吃小鱼、小虾和水生昆虫，有时也吃青蛙、蝌蚪、甲壳类和软体动物，偶尔也吃水草等少量水生植物。

鹔鹏总是在芦苇丛中筑窝产蛋，每窝可生4～7枚蛋，雌鹔鹏和雄鹔鹏会轮流孵卵，一起哺育小鹔鹏成长。

"哈哈，你这个'学霸'，又出糗（qiǔ）了哦！"嘀嘀嗒毫不留情地嘲笑道，"你仔细看看，鸭子的嘴巴，是这么尖的吗？"

"真的哎！"卡拉塔瞪大了眼睛，惊讶地喊道，"这些小鸭子的嘴巴，怎么长得跟小鸡一样啊？！"

"你！"见卡拉塔还是一意孤行地把那些小动物叫成鸭子，嘀嘀嗒的小脸蛋儿都快要气绿了，"跟你说了不是鸭子！那是小鹔鹏（pì tī）！明白了吗？小——鹔——鹏！"

"好了好了，知道啦，小鹔鹏！小鹔鹏！我们赶紧走吧，不然要错过电影了！"卡拉塔草草应付着，一把抱起嘀嘀嗒就往地下一层的4D影院跑去。

一 那不是小鸭子

二　变身小鹩鹋

　　地下一层静悄悄的，光线昏暗，显得有些阴沉。卡拉塔一口气跑到了影院的门口，一位戴着白手套的管理员阿姨拦住了他。

　　"小朋友，等一下，给你这个。"说着，那阿姨递给了他一副黑框眼镜。卡拉塔知道，这是专门用来观看立体电影的特制眼镜。只有戴上了这种眼镜，4D电影才会呈现出非常逼真的立体效果，否则，银幕上就只有一片模模糊糊的影子了。

　　"阿姨，那个……"卡拉塔嗫嚅着，眼睛盯向了管理员身后那个装眼镜的木框子。

　　"怎么了，小朋友？"管理员阿姨和蔼地问。

　　"您能不能再给我一副眼镜？"

　　"这4D眼镜是一人一副的，你就一个人，再要一副做啥呢？"管理员阿姨有些不解。

　　卡拉塔迟疑着，把手中的嘀嘀嗒往胸前举了举："我，我想

让他也看看立体电影的效果。"

"它？看立体电影？哈哈哈哈哈。"管理员阿姨忍不住大笑起来，"小仓鼠也能看电影？"

"是啊，我的小仓鼠很聪明的，他每天都会在家里跟我一起看电视！"卡拉塔见管理员阿姨一副将信将疑的模样，赶紧说道，"不信你问他！"

管理员阿姨满脸狐疑地望向嘀嘀嗒，眼睛都快瞪成两只小灯笼了。她看到眼前这只毛茸茸的小仓鼠，睁着一双乌溜溜的大眼睛，真的朝她用力地点了点头呢！

"给，给你吧……"管理员阿姨觉得很有趣，从身后的木框子中又拿起一副黑框眼镜，恶作剧般地递到了卡拉塔的手里。

"谢谢啦！"卡拉塔做了个鬼脸，一手抓起两副眼镜，一手抱着嘀嘀嗒，匆匆跑进了影院。

不知道是不是周二的缘故，整个影院里面竟然空荡荡的，只有第一排的正中央坐着一位观众。

这样正好，我们就可以安安心心地变身啦！卡拉塔心里偷乐着，走到最后一排的最边上坐了下来。

听到脚步声，坐在第一排的那位观众突然回过头来。瘦削的脸，长长的头发。看到这张熟悉的脸庞，卡拉塔猛地吃了一惊：这不是刚才那个在江南厅遇到过的男人吗？他怎么跟幽灵似的，老跟我们碰上啊！

就在卡拉塔愣神的那一刻，黑衣人斜起嘴角冲卡拉塔笑了笑，眼神中却闪过了一丝难以掩饰的邪魅。

仿佛有一股无形的寒意骤然袭来，卡拉塔下意识地打了个冷颤。

好在这时候，影厅里的灯光突然暗了下来，音乐响起，电影开始了。

黑暗中，嘀嘀嗒扭了扭身子，伸出一只小爪子，从卡拉塔的手中一把夺走了一副眼镜，大模大样地架到了自己的小脸蛋上。

嘿嘿，差点忘了，有嘀嘀嗒这个神通广大的小鬼灵精在呢，有啥好怕的！卡拉塔这样一想，顿时安下心来，他赶紧给自己戴上了另一副4D眼镜，专心看起了电影。

哇！眼前的景象好壮观呀，卡拉塔感觉自己仿佛像只飞翔在蓝天上的鸟儿，从高高的空中俯瞰着大片的湿地。

这片湿地，和他之前到过的红树林滨海湿地、非洲大草原沼泽湿地，还有一层一层云雾缥缈的高山梯田湿地都不一样，这块湿地就像一面一面亮晶晶的小镜子，密密麻麻地镶嵌在绿茵茵的巨大草地上，显得格外别致。

这就是三基鱼塘呀？那一面一面的小镜子，应该就是一口一口的小池塘了吧？真好看呀！卡拉塔正看得入神呢，镜头忽然从高空中落了下来，那无数亮晶晶的镜子中的一面，突然越变越大、越变越大，最后真的变成了一个池水澄澈的鱼塘！

刚刚还感觉好像在天空中翱翔的卡拉塔，瞬间仿佛已经坐在了池塘边上。

碧绿碧绿的池水边，到处都是青青的竹子和翠绿的桑树。镜头慢慢推近，一株桑树越变越大、越变越大，最后终于定格在了两片桑叶上。卡拉塔惊喜地看到，几条又白又胖的蚕宝宝，正在桑叶上沙沙沙地大快朵颐呢！

蚕宝宝！是蚕宝宝！卡拉塔激动得差点喊出声来，但是一想到坐在前排的那个黑衣人，他又赶紧告诫自己：淡定，淡定！

银幕上的蚕宝宝一眨眼又不见了。镜头重新扫向远处，只见池塘边的桑树下，青青草地上开满了五颜六色的野花，一群群淡黄色的**菜粉蝶**像一个个可爱的小天使，在花丛中翩翩起舞，卡拉塔的心儿顿时也像这些欢快的蝴蝶一样飞舞起来。

菜粉蝶又叫菜白蝶，它们的幼虫就是菜青虫，专门吃厚叶片的甘蓝、花椰菜、白菜、萝卜等十字花科的农作物，所以是一种分布很普遍、危害很大的害虫，经常会造成虫灾。

羽化成虫后的菜粉蝶，对农作物就没什么危害了。而且成虫的菜粉蝶通体乳白色或淡黄白色，翅膀上长着醒目的黑色圆斑，样子还挺素雅大方的呢。

忽然，几只调皮的小蝴蝶倏——倏——倏——地飞到了卡拉塔的跟前，他忍不住伸出手去，眼看着已经快要捉住那美丽的蝴蝶了，结果却什么也没有碰到。

　　卡拉塔正沉浸在与小蝴蝶的互动中，远处的水面上忽然传来一阵唧唧唧的鸣叫声，那叫声清脆而又明亮。眼前到处飞舞的蝴蝶听到这叫声，仿佛受到了惊吓似的，呼啦啦一下子全飞走了。

咕噜——咕噜——

平静的水面上蓦地泛开了涟漪（lián yī），两只毛茸茸的小鹛鹏突然从银幕的最左边冒出水面，昂着机灵的小脑袋，一下一下，奋勇地向着银幕的右边游去，身后荡漾着长长的水波纹，刹那间将平静的水面划成了两半。

好可爱的小鹛鹏呀！我们什么时候可以变身过去呀？卡拉塔有些迫不及待了。他正想悄悄地问一问嘀嘀嗒这个重要的问题，忽然，耳边传来了熟悉的哨声。

咻——咻——咻——

卡拉塔还没反应过来呢，就感觉身体猛然从座椅上漂浮了起来。

"哎哟，你这个坏仓鼠，都不说一声，我还没准备好呢！"话音未落，身体竟然像从高空中突然跌落下来一样，向着银幕上的池塘中央直直地坠落下去！

"救命啊——"

卡拉塔吓得声嘶力竭地大喊起来。随着扑通一声，他感觉自己重重地撞入了水面，脑子顿时一阵晕眩，意识就像蒸汽一般，从身体里哧哧哧哧地飘散了出去。

好气闷呀——

不知过了多久，卡拉塔慢慢苏醒了过来。他感觉胸口像被什么东西挤着似的，闷闷的，于是下意识地张开嘴巴，想大大地呼吸一口新鲜的空气。可是一张口，嘴里突然就吸进了一大口水，呛得他咳咳咳地咳嗽起来。

这时，他才发现四周都是碧绿的池水。妈呀，原来我已经变身成了一只小鹧鹕！可是，我怎么会在水中呢？卡拉塔有些惊慌失措。

我又不是鱼，怎么可以待在水里呢？那不会淹死吗？！这样一想，卡拉塔就赶紧拼尽全力向水面钻去。

呼啦啦——终于钻出了水面，卡拉塔深深地吸了一口清新无比的空气，这才渐渐安定下来。他好奇地低头瞧瞧自己，嘿，灰褐色的羽毛又松又软，长在身上就像穿了一件厚厚的羽绒衣，不仅保暖，而且还有很大的浮力，可以把他的身体轻轻地托在水面上。

卡拉塔放松全身，让小小的身体在水面上轻轻地漂动着，真是惬意极了。他伸出两只带有瓣蹼的小爪子，在水下扒拉了几下，身体立即呼呼呼地向前游动起来。

呀！太好玩啦！卡拉塔忍不住开心地呼喊起来。唧唧唧——唧唧唧——水面上立即回响起清脆而又明亮的叫声。

"嘀嘀嗒——"卡拉塔忽然想起了自己的小伙伴，"嘀嘀嗒，你在哪里呢？"

"我在这里呀！"不远处的水面上咕噜一声，冒出了一个毛茸茸的小脑袋，圆圆的眼睛，尖尖的小嘴，在眼睛和嘴巴之间还有一块白色的圆斑，那模样既乖萌又机灵。

　　哈哈，嘀嘀嗒，我们变成小䴘䴘了，我们都变成小䴘䴘了！卡拉塔快乐地划动双脚，展开一对小小的翅膀，开心地扑扇起来，顿时，小小的身体飞了起来，贴着水面箭一般向前射去。

　　"呀呀呀！嘀嘀嗒你看，我还能飞呢！"卡拉塔惊喜地呼喊着，一回头，看到嘀嘀嗒也贴着水面，箭一般地飞了过来。

　　"小䴘䴘是鸟类啊，当然能飞啦。"嘀嘀嗒边飞边说，"不过飞翔可不是我们的强项，我们的拿手本领是潜水！所以人们又把小䴘䴘称作潜鸟。"

　　"哦——难怪我刚醒过来的时候是在水底的，我还以为要淹死了呢！"卡拉塔恍然大悟。

　　"才不会哩！"嘀嘀嗒得意地说，"我们最爱吃的就是小鱼小

　　潜鸟是能够潜水的几种鸟类的总称，这些鸟类有一些共同的特征，比如：喙部呈圆锥形而且坚硬；翅膀较小，形状尖尖的；前3个脚趾之间长着蹼，便于它们划水；两腿长在身体的后部，因此走起路来步履蹒跚，样子非常滑稽。

　　潜鸟有很高超的水下活动能力，能从水面一直下潜到60米的深处，并且可以在水下游很长的距离，因此遇到危险就会直接躲到水面以下。它们会用独特的又长又窄的喙来捉鱼，有时也会用尖利的喙来袭击敌人。

　　潜鸟一般独栖或成对生活，它们的叫声高亢清脆，很像是人的怪笑。

虾小蝌蚪，还有各种水里面的小昆虫了，不会潜水的话，怎么吃得到呢？"

"这么神奇啊？那我试试看！"卡拉塔跃跃欲试，但望着脚下深不见底的池水，一时又不知道该怎么潜下去。

"瞧我的，跟着我的样子做！"嘀嘀嗒一声呼喊，猛地俯身钻入水中，肥嘟嘟的小屁股高高地翘出水面，然后一个猛子扎了下去。

"我的天哪！这么惊险的动作呀。"卡拉塔惊叹一声，来不及细想，赶紧依葫芦画瓢，照着嘀嘀嗒的动作钻进了水面。

哇！刚才怎么没有注意到，清澈的池塘下面竟这么漂亮！一丛一丛嫩绿的水草，像轻纱一般在水底曼妙地舞动着，明亮的阳光一束束地从水上照射下来，仿佛为这些绿纱似的水草罩上了一层金色的光晕，充满了神秘而又圣洁的气氛。水草间，鳞光闪闪的小鱼儿成群结队地穿来游去，还有好多透明的小虾，趴在水草下的石块上，不停地挥舞着一对对细细的小胳膊，把石缝里的食物飞快地抓起来塞进嘴里，狼吞虎咽地嚼着。

卡拉塔看呆了，身边的嘀嘀嗒却猛然张开尖尖的小嘴，呼啦一下冲过去，把一条小鱼和两只小虾吞进了嘴里。

池底霎时泛起一股混浊的淤泥，小鱼小虾们趁着混沌四散逃去。

"嘀嘀嗒，你干吗要去吃他们呀！"卡拉塔急得大喊起来。

"我们现在是小鸊鷉啊，不吃小鱼小虾，难道要饿死不成？"嘀嘀嗒朝卡拉塔翻了翻白眼。

"好吧……"卡拉塔顿时哑口无言。

"开心点嘛，来，我带你去看**甲鱼**！"嘀嘀嗒说着，奋力向前游去。卡拉塔赶紧跟了上去。

> 甲鱼是鳖的俗称，也叫团鱼、水鱼，是一种卵生的两栖爬行动物。
>
> 甲鱼是杂食动物，很喜欢吃动物性的饵料。小甲鱼以水生昆虫、水蚯蚓、蝌蚪、小虾等为食；成年的甲鱼爱吃田螺、蛤蜊等软体动物，还有鱼、虾以及动物的尸体，有时候也吃蔬菜、水果、杂粮等植物性饲料。
>
> 甲鱼含有丰富的动物胶、角蛋白、铜、维生素D等营养素，食之能够增强身体的抗病能力，调节人体的内分泌功能。因此甲鱼不仅是餐桌上的美味佳肴，上等筵席的优质材料，还是一种滋补佳品，可作为中药材料入药。

不远处，一个黑乎乎的大圆盘在泥地里缓缓地移动着。咦！这块大石头怎么会动呢？卡拉塔正在纳闷儿，一个尖乎乎的脑袋突然从大圆盘的下面伸了出来。

　　"哦，原来这块石头就是甲鱼呀！"卡拉塔恍然大悟，"嘻嘻，好好玩。"

　　就在卡拉塔和嘀嘀嗒围着大甲鱼嘻嘻哈哈地逗乐的时候，那甲鱼忽然倏地一下缩回了脑袋。卡拉塔还没反应过来是怎么回事儿，就见一条浑身长满花斑的大蛇从旁边的水草丛中游了出来。

　　"是毒蛇！快跑！"卡拉塔转头就跑，只听嘀嘀嗒在后面喊："别跑，别跑，卡拉塔，这是一条水蛇，没毒的！"

三 黑色"小地雷"

　　卡拉塔和嘀嘀嗒把水下的美景看了个遍，然后向水面游了上来。

　　刚钻出水面，远远地就飘来了一阵甜甜的花香。卡拉塔兴奋地向四周张望，只见岸上草木葱郁，鲜花烂漫，一株株圆圆的小树球上，开满了星星点点的白色花朵，那些好闻的香味儿，正是从这些开白花的小树上散发出来的。

　　"那些是海桐花吧？"卡拉塔朝岸上努努嘴。

　　"呦呦，不愧是小学霸嘛，居然知道这是海桐花。"嘀嘀嗒故意做出一副挺意外的样子。

　　"这有什么！"卡拉塔不以为然，"我们家楼下的花园里，这种海桐树多得是！"

　　"那你知道海桐边上那些高大的树木又是什么树吗？"见卡拉塔有些得瑟，嘀嘀嗒决定打击他一下。

　　"哪些大树？你是说上面开着一朵朵黄白色小花的树吗？这个……好像是挺眼熟的哎。"卡拉塔貌似有些犯晕。

　　"对啊，就是那些大树，怎么样，不知道了吧？哈哈……"

嘀嘀嗒心里得意地想，要是等秋天这花结了果，你肯定能猜得到，可是现在，就不一定了吧？

谁知卡拉塔竟满不在乎地一笑，尖声嚷道："谁说我不知道了？那不就是柿子树嘛！"

"呀，这你都知道？！"嘀嘀嗒有些意外。

"嘿嘿，你不晓得了吧？柿子是我最爱吃的水果了。小时候奶奶家的院子里，就种着两棵这样的柿子树。"

海桐是一种常绿的灌木或小乔木，最高可长到6米。海桐每年3～5月开花，它的花朵很小很密，聚集在一起长成了一把小伞的样子，我们就叫它伞形花序。这些小花具有芳香，最开始是洁白色的，后面慢慢变成黄色。每年9～10月，它的果实就成熟了，果实的形状有圆球形的，棱形的，或者三角形的，直径大约12毫米，我们叫它蒴果。

海桐不仅是很好的观赏植物，还具有很高的药用价值。它的根、叶和种子均可入药：根能祛风活络、散瘀止痛；叶能解毒、止血；种子能涩肠、固精。另外，海桐对二氧化硫等有毒气体还有较强的抗性。

柿子树是多年生的落叶果树。柿子与葡萄、柑橘、香蕉、苹果一起，并列为我国的五大水果，在我国已有1000多年的栽培历史。柿子的成熟季节在十月左右，果实形状较多，如球形、扁桃、近似锥形、方形等，不同的品种颜色从浅橘黄色到深橘红色不等，大小和重量差别也比较大。

柿子虽然甘甜多汁，味道很好，但千万不能贪吃哦。因为柿子含有较多的果胶和鞣酸，会与胃酸发生化学反应，生成难以溶解的胃结石，引起恶心、呕吐、胃溃疡，甚至胃穿孔等。所以千万不要空腹吃柿子，更不能吃柿子皮。

"难怪！"嘀嘀嗒有些不甘心，他东瞧瞧西看看，脸上忽然露出了狡黠的笑容，"那，你再说说看，那边那一丛丛绿油油的、开着一簇簇白花的又是什么？"

　　"这个谁不知道呀，芦苇嘛！"

　　"哈哈，猜错了吧！"嘀嘀嗒开心地大笑起来。

　　"你看它们的叶子又细又长，又是长在水边的，不是芦苇那是什么？"卡拉塔不服气。

　　"芦苇不是应该在秋天柿子红了的时候才开花的吗？可现在还是春天呀，你看柿子才开花，海桐树也还没结果……"

　　"对哦。"卡拉塔这下可是真的犯晕了，"可是这些草长得明明就跟芦苇一样啊！"

　　"样子是有点像，但并不是芦苇，这个应该是白茅！"嘀嘀嗒开始得意地讲解起来，"其实啊，跟芦苇长得很像，都是开毛茸茸白花的禾本科植物挺多的。除了这种白茅，还有一种叫荻草的，长得更像芦苇，也都是在秋季才开花的，很多人根本就分不清楚。"

　　"嘀嘀嗒你的知识真是渊博呀！"卡拉塔由衷地赞叹起来，"对了，那我正好问问你，爸爸说这里是'三基鱼塘'，这是什么意思呀？为什么要叫'三基'鱼塘呢？"

　　"这个很好理解呀，'基'就是塘基的意思，就是鱼塘边上的芦苇、荻草和白茅都是禾本科的多年生草本植物，因为它们都长着又细又长的绿叶，都能开出毛茸茸的白色花絮，因此比较容易混淆。

芦苇一般生长在灌溉沟渠旁、河堤沼泽地等，在世界各地均有生长。芦苇的植株比较高大，一般可高过人头，迎风摇曳，野趣横生。芦苇的茎秆坚韧，纤维含量高，是造纸工业中不可多得的原材料。由于芦苇的根、茎、叶都具有通气组织，所以它在净化污水中也起到了重要的作用。

荻草长得跟芦苇超像，只是稍微比芦苇矮一些，最高可达1.5米左右。荻草和芦苇都是在8～10月开花结果的。荻草是一种用途很广的草类，可以用于环境保护、景观营造、生物质能源、制浆造纸、代替木材和塑料制品、纺织、制药等，因此在我国早已广泛栽培和利用。

白茅的植株要稍微矮一些，株高可达80厘米左右，它的开花结果期是在每年的4～6月，这是与芦苇和荻草最明显的区别。白茅很少拿来当经济植物开发，但它可以入药，有解毒止血、清热利尿的功效。

田埂。"嘀嘀嗒说着，往岸上努努嘴，"你看那田埂上面，都种了些啥呀？"

"芦苇……"

卡拉塔刚一张嘴，就被嘀嘀嗒打住了："不是那些野生的植物，我说的是人们特意在田埂上大片大片种植的！"

"哦，那就是桑树啦，还有竹子。"卡拉塔又抬头望了望远处的那些大树，"那些柿子树算不算啊？"

"当然算了！"嘀嘀嗒循循善诱道，"如果田埂上只种桑树，那就是桑基鱼塘；如果只种竹子，那就是竹基鱼塘；那么如果田埂上既有桑树，又有竹子，还有柿子树的话……"

"我知道了！我知道了！这就是'三基鱼塘'啦！"

两只小鹛鹛在水面上一边欢快地游弋，一边高谈阔论着，完全没有注意到岸上的大树上和草丛中，各种各样的鸟儿和小动物都伸长了脖子，正在好奇地打量着这两只聒噪的不速之客呢。

"嘿，嘀嘀嗒，你看你看，小刺猬！小刺猬！"卡拉塔看到岸边的草丛里，一只浑身竖满了花白尖刺的小动物正在那里探头探脑，惊喜地失声喊道。

"你好啊，小刺猬！"卡拉塔正想上前搭讪，那受惊的小刺猬却忽然就地一滚，缩成了一个长满刺的小圆球。

卡拉塔正有些失望呢，嘀嘀嗒已经悄悄地游到了他的身边，在他的耳畔轻声说道："卡拉塔你快看，树上那只鸟儿漂亮不？"

卡拉塔抬头一看，不禁惊呆了。只见一棵大树的枝头，一只嘴巴又细又长，翅膀黑白相间的美丽小鸟正昂首挺立着，不可思议的是，在鸟儿的头顶上，竟高高地竖着一顶鲜艳华丽的大凤冠！

"这是什么鸟啊？长得这么威风！"卡拉塔惊叹道。

"这是**戴胜鸟**。"嘀嘀嗒压低声音轻声道，"以色列你知道吧？"

"知道啊，中东的一个国家嘛，怎么啦？"

戴胜鸟是一种美丽的鸟类，它的小嘴又细又长，头顶还长着一个凤冠状的大羽冠。戴胜鸟通常栖息在山地、平原、森林、林缘、路边、河谷、农田、草地、村屯和果园等开阔的地方，最喜欢开阔潮湿的地面，总是用长长的嘴在地面翻动寻找食物。它们主要以虫类为食，如蝗虫、蝼蛄、石蝇、金龟子、跳蝻、蛾类和蝶类，也吃蠕虫等其他小型无脊椎动物。

戴胜鸟性格活泼，不太怕人，在树上的洞内做窝，叫起来的声音噗噗噗的，粗壮而又低沉。

"戴胜鸟就是他们的国鸟。"

正说着，远处的水面上忽然传来几声凄惨的叫声："苦啊——苦啊——苦啊——"

卡拉塔和嘀嘀嗒一起循声望去，只见靠近岸边的水面上，密密麻麻地长满了水葫芦、水花生等各种水草，就像在水面上铺了一张厚厚的绿草毯子，毯子上面站着好几只长相各异的大鸟和小鸟。

"哇！那是白鹭吧？长得好高贵、好漂亮啊！"看到有一只体形修长、浑身洁白的大鸟正静静地注视着自己，卡拉塔都觉得有点不好意思了。

这时，一只在白鹭边上不安地走来走去的白脸黑背小鸟，忽然又张开尖尖的小嘴，苦啊苦啊地高叫起来。

"哦呦，我还以为是谁在哭呢，

水葫芦和水花生可不是长在水中的葫芦和花生哦，它们是两种在江南湿地里十分常见的水生植物。

　　水葫芦又叫凤眼莲，是一种来自巴西的外来植物，因为它的叶片形状奇特，又绿又好看，还能开出非常漂亮的蓝色花朵，所以最初是被当作观赏花卉引进中国来栽培的。这种水生植物的生命力特别强大，结果在湿地中到处泛滥，成了一种有害的外来入侵植物。不过，水葫芦也有它的优点，除了长得漂亮之外，它还可以拿来当作猪饲料喂给猪吃呢。

　　水花生又叫革命草、空心莲子草，也是一种来自巴西的外来入侵植物，它的嫩茎叶可当作蔬菜食用，凉拌或者炒起来吃都行，清脆可口，味道还是蛮不错的。当然，水花生也可喂给牛、兔和猪吃。

　　白鹭是大家非常熟悉的一种美丽鸟类，它们体形修长、身材纤细，长着雪白的羽毛、尖尖的嘴巴，还有又细又长的双腿，走起路来那细长的脖子一伸一伸的，很有气质的样子。

　　白鹭喜欢群居，通常出现在平地或海拔较低的溪流、水田、鱼塘、沼泽、河口、沙洲等地带，以各种小鱼、黄鳝、泥鳅、蛙、虾、蚂蟥、蝼蛄、蟋蟀、蚂蚁、蛴螬、蜻蜓幼虫及水生昆虫等动物性食物为食，有时也吃少量谷物等植物性食物。

吓了我一跳！原来是只小鸡在叫呀。"卡拉塔舒了一口气，"这小鸡怎么叫得这么奇怪呀？"

　　"那不是小鸡，那是苦恶鸟，是一种水鸟。"嘀嘀嗒有点嫌弃地斜视了卡拉塔一眼，继续说道，"喏，它边上那只浑身灰不溜秋的才更像鸡呢，那叫黑水鸡。不过，它们都是水鸟，跟真正的鸡可不是一回事。"

苦恶鸟是秧鸡的一种，广东人称为水鸡。因为它的叫声苦啊苦啊的，非常特别，所以北方人又将它称为苦娃子。

苦恶鸟的嘴短短的，身体又短又胖，翅膀也又短又圆，所以不适合长距离的飞行。在炎热的夏天，它们有时会从南方飞到长江一带去避暑。但它们擅长奔走，能在芦苇或水草丛中潜行，也稍微能游一下泳。

苦恶鸟生性胆小机敏，虽然它们喜欢不停地苦叫着，但是一听到有声响，就会静静地贴伏在草丛里一动不动；有时无意被人撞见了，它会一溜烟躲入草丛中。

黑水鸡是秧鸡科鸟类，属于中型涉禽。它们全身的羽毛灰黑，肚子下面有黑白相杂的块斑，翅膀下的羽毛有宽宽的白色条纹，长得还是挺漂亮的。

黑水鸡喜欢栖息于灌木丛、蒲草丛和芦苇丛中，善于游泳和潜水，多成双成对活动，以水草、小鱼虾和水生昆虫等为食。它们游泳的时候，身体喜欢高高地露出水面，尾巴向上翘起，露出尾巴后面的两团白斑，很远就能看到。

卡拉塔正想游过去，跟那些鸟儿们打招呼呢，忽然，岸边的草丛里传来一阵窸窸窣窣的声音，栖息在水草上的水鸟们顿时惊慌失措，有的拍着翅膀飞向远处，有的扑通一声潜入水中。

"快跑！有危险！"嘀嘀嗒大喝一声，一个猛子扎下水去。卡拉塔见状，也扑通一下，钻入了水底，奋力向远处潜去。

大约在水底游出了十米开外，卡拉塔才小心翼翼地浮向水面，将半个小脑袋钻出水面，瞪大眼睛四处探望着，直到确认

安全了，才敢将全身完全浮出水面来。

哗啦一声，嘀嘀嗒也在卡拉塔的身后钻出了水面。

"好险哪，刚才有一只**黄鼠狼**在岸边。"

"黄鼠狼啊？"卡拉塔惊恐地睁大了眼睛，"你怎么知道的呢？"

"你没有闻到一股臭味吗？你看那些水鸟都闻到了，眨眼间就都跑得不见了影儿。"

"可是我们在水里啊，怕啥呢？"

"你不知道呀？黄鼠狼也会游泳的！"嘀嘀嗒嗔怪道，"刚才我们离岸边那么近，万一它扑下来就完蛋了！"

"哦哦，那我们是得小心点儿了。"卡拉塔赶紧虚心接受。

"卡拉塔，别尽顾着玩儿了，

黄鼠狼又称黄鼬，是体形最小的食肉动物之一，最爱吃田鼠等啮齿类动物，也吃其他小型哺乳动物、鸟类、两栖爬行动物等。虽然民间谚语说"黄鼠狼给鸡拜年——没安好心"，但其实黄鼠狼一般情况下很少会去吃鸡。

黄鼠狼最大的特点，就是在它的肛门处有一对臭腺，遇到敌人的时候，这对臭腺能释放出带有怪异臭味的、呈气雾状的液体，有御敌自卫的作用。

赶快抓紧办你的正事吧！"嘀嘀嗒提醒道。

"对对对！我差点忘了，我们是来观察蚕宝宝的生活状态的。"卡拉塔说着，又伸长脖子东张西望起来，"哪里有蚕宝宝呢？哪里有蚕宝宝呢？"

"傻不傻呀，当然是去桑树林那边找喽。"说完，两只小鹛鹛就一前一后地向着鱼塘另一边的桑树林游去。

池塘边的桑树上，一阵沙沙沙的声音正欢快地响着。

"卡拉塔，快看，这边的桑树上有好多蚕宝宝！"嘀嘀嗒首先发现了目标，赶紧招呼卡拉塔过去。

终于看到啦，好多好多蚕宝宝，正爬在绿油油的桑叶上，摇头晃脑地吃着桑叶呢！这些蚕宝宝浑身白花花的，一个个长得滚壮圆肥。它们那小小的身体一节一节的，就像一段小火车似的，每一节的两侧都长着一个圆点点，真像是车厢上的小窗户呀！

这会儿，这一条条的"小火车"正在鲜嫩的桑叶上轰隆隆地开来开去，转眼间，桑叶上就出现了一个个越变越大的圆窟窿。可是那些胖胖的蚕宝宝呀，根本就没有要停下来的意思，那模样真是贪吃啊！

卡拉塔心情激动地屏住呼吸，远远观望着，生怕惊扰了正在享受美食的蚕宝宝们。

"桑茂蚕壮鱼肥大，塘肥基好蚕茧多……"一阵轻柔的童谣

三　黑色"小地雷"

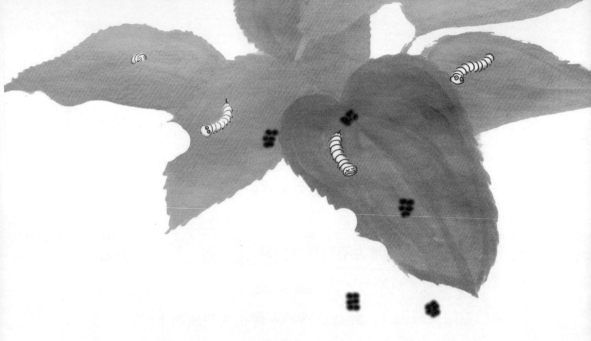

声，不知从哪里若隐若现地飘了过来。

咦，这里怎么会有人在唱童谣呀？卡拉塔正纳闷着，嘀嘀嗒在一旁又解释开了："这些蚕宝宝呀，一定是人类放养在这里的，你听，都有人在那边唱歌呢！"

卡拉塔刚想点头表示同意，忽见前方一直伸展到鱼塘里的桑树枝上，仿佛下起了一阵淅淅沥沥的小雨，哗哗落下了一颗颗黑色的"小地雷"。这些奇奇怪怪的"小地雷"落到水面上，漾开了一圈一圈的小水波，成群的鱼儿立即从四处聚集过来，争先恐后地涌上去抢食。

那是什么东西呀？瞧那些急不可耐的鱼儿，都快要打起来了。看来这东西一定十分美味吧？卡拉塔觉得很新奇。

"卡拉塔，别发愣了，我们上岸！"嘀嘀嗒招呼一声，率先摇摇晃晃地上了岸，向着桑树林一扭一扭地走去。

"上岸干吗呀，在这里观察不是挺好的嘛！"卡拉塔的眼睛仍然紧盯着那些不断落下来的"小地雷"，他真想游过去尝尝看，究竟是什么样的美味啊。

"那么远你能看清楚什么呀！别磨蹭了，快点上来，我们到桑树跟前去看个仔细，这样你才好写观察笔记呀！"嘀嘀嗒催促道。

"来了，来了。"嘀嘀嗒一说到观察笔记，卡拉塔便没了反驳的理由。他依依不舍地望了一眼正在抢食"小地雷"的鱼儿们，动作笨拙地爬上岸去。

"卡拉塔，蚕宝宝在拉便便呢，你快来看，它们的便便一颗颗的，像小地雷似的，多有趣啊！"

什么什么？蚕宝宝的便便？！卡拉塔跌跌撞撞地跑到嘀嘀嗒身边，睁大眼睛往前看去——果然，树叶上的蚕宝宝正一边美美地啃食着桑叶，一边不断地拉出一颗颗的"小地雷"。

呃——，卡拉塔只觉得胃里一阵翻江倒海，差点呕吐出来。原来这些"小地雷"竟是蚕宝宝的粪便啊，可鱼儿们竟然还把

三 黑色"小地雷"

它当作美食争抢呢！

"有趣吧！这就是生物链。"嘀嘀嗒仿佛洞穿了卡拉塔的心思，笑眯眯地说道。

"嗯嗯，我一定要把它全部写进我的观察笔记中！"

四 傲慢的鸳哥

夕阳渐渐向西沉下去，通红的晚霞把池塘映得金光闪闪。但是全神贯注地沉浸在观察蚕宝宝之中的卡拉塔，却完全没有留意到这美不胜收的湿地景色。他的心思，全部都还在蚕宝宝身上呢。

这些蚕宝宝的胃口怎么会那么大呢？卡拉塔已经目不转睛地观察了好几个小时，可蚕宝宝们就是一直在不停地吃、吃、吃，仿佛永远也吃不饱似的。

"这不奇怪啊。"嘀嘀嗒似乎能读出卡拉塔的心思，"你看它们一边吃一边拉，吃下去的东西其实都没有彻底消化……"

"是哦，难怪它们一直不停地吃，肚子也不会胀破了。"卡拉塔坏坏地笑了起来，打趣道，"原来它们上面吃进去，下面就拉出来了。嘿嘿，没有消化完，所以就成鱼儿的美食了。"

"对的，我说卡拉塔，你的小脑袋瓜子的确还是比较好使的。"嘀嘀嗒貌似赞扬了卡拉塔，口吻中却带着明显的戏谑。

"小看我！你以为就你的脑袋瓜好使呀？"卡拉塔将一对白眼结结实实地抛给了嘀嘀嗒。

就在两只小鹧鹧叽叽喳喳地斗着嘴的时候，天空中忽然呼啦啦飞来一只羽色靓丽的大鸟。顿时，桑树叶上响起一片窸里窸啰的混乱声，蚕宝宝们惊慌失措，纷纷躲进树叶丛中，把自己隐蔽起来。

那只大鸟扑剌剌地飞落在一株桑树上，东张西望地好像在寻找什么。

卡拉塔定睛望去，只见这只大鸟长着圆圆的眼睛、扁扁的嘴巴，浑身羽毛五彩斑斓、鲜艳明亮，最特别的，是它的脑袋后面拖着长长的羽毛，就像戴了个拿破仑时代的"二角帽"似的。

"好漂亮的鸟儿啊！"卡拉塔禁不住赞叹道。

"那是鸳鸯，"嘀嘀嗒小声说道，"这只鸳鸯的个头这么大，毛色这么鲜亮，一定是只雄鸳鸯。"

"哦，这就是大名鼎鼎的鸳鸯啊！"卡拉塔上前，礼貌地招呼道，"鸳鸯哥哥，我们是小鹧鹧，我的名字叫做卡拉塔，这位是我的好朋友嘀嘀嗒，请问您叫什么名字？"

"卡拉塔？好奇怪的名字！"鸳鸯斜睨了卡拉塔一眼，有些不耐烦地说，"我叫鸳哥。"

"哦，鸳鸯哥哥，简称就叫鸳哥，这个名字还挺好记的……"卡拉塔本想活跃一下气氛，就故意打趣道。

没想到鸳哥却把脸一沉，语气冷淡地说："取笑别人的名字，

可不是什么有教养的表现！”

　　“对不起，对不起，我不是那个意思……”卡拉塔话还没说完，鸳哥就傲慢地别过身体，把羽毛翘翘的肥屁股转向了他。

　　忽然，鸳哥一边拍打着翅膀，一边伸出脖子朝跟前的一片桑叶啄去。等他再转过身来的时候，卡拉塔看见他的嘴里正叼着一条拼命扭动的蚕宝宝！

　　原来，就在刚才卡拉塔和鸳哥对话的时候，一条胆儿贼大的蚕宝宝终于耐不住好奇心，悄悄地从藏身的桑叶底下中探出了脑袋，结果被眼尖的鸳哥发现，一口就将它叼了出来。

蚕宝宝在鸳哥的口中拼命地扭动着肥肥的身躯，仿佛在不断地呼喊救命。

卡拉塔见状，不禁大急，他高声地斥责鸳哥："你怎么可以这样吓唬蚕宝宝呢？瞧他都被你吓成什么样子了，快把他放下来！"

谁知那鸳鸯哼了一声，不仅没有放掉蚕宝宝，反而张开嘴巴将蚕宝宝一口吞进口中，然后脖子重重地伸了两下，将蚕宝宝咽了下去。

"你！你！太残忍了，竟然把蚕宝宝给吃了！"卡拉塔又惊又气，全身的羽毛都呼啦啦竖了起来。

"嘁！你这是乌鸦笑猪黑，站着说话不腰疼！"鸳哥满脸不屑地撇嘴道，"我吃蚕宝宝怎么啦？难道你让我饿死啊？再说了，你们鹬鹍不是也要吃小鱼小虾小蝌蚪吗？那就不残忍啦？"

"这……这……"卡拉塔顿时哑口无言。

"这……这……"鸳哥满脸鄙视地学着卡拉塔的口吻，毫不客气地数落道，"这什么呀这！也不撒泡尿照照，长得贼头贼脑，跟个小丑似的，还来教训别人，真是不知天高地厚！给我记住了，以后少在这里指手画脚的！"

"你，你！你干吗出言不逊，血口喷人！"卡拉塔真是快要被这只傲慢无礼的鸳鸯给气疯啦。

"谁血口喷人啦？你瞧瞧你那寒碜样儿，长得跟个小不点似的，尖嘴猴腮，浑身还灰不溜秋的，不是贼眉鼠眼的小丑样儿，难道还是个大美人呀？哈哈哈……"鸳哥肆无忌惮地仰天长笑起来。

"卡拉塔，我们走吧，别理他。"嘀嘀嗒见卡拉塔已经气得浑身颤抖，赶紧上前劝他。

"别走呀，别走呀，刚才你们不是挺得瑟的吗？现在被我揭了伤疤，不敢面对现实啦？"鸳哥好像来劲了，对着两只可怜的小鹛鹛一副不依不饶的样子。

"你有完没完？我们不理你了！"嘀嘀嗒白了鸳哥一眼，推了推气呼呼的卡拉塔，"走，我们走！"

"哦儿，哦儿，老鹰来啦！快跑啊！"鸳哥突然大叫一声，吓得卡拉塔和嘀嘀嗒扑啦啦地向远处的水面扑腾过去，然后一个猛子扎下水面，好一会儿，才惊魂未定地把半个脑袋露出水面。

"哈哈哈哈！上当了吧，你们这些小鹛鹛呀，不仅模样丑、胆子小，而且还没脑子！"鸳哥见恶作剧成功，又开心地大笑起来，"你们也不想想看，这里是'三基鱼塘'，哪来的老鹰啊？我说你们没脑子，一点没错吧？"

"你个大坏蛋！骗人精！"卡拉塔再也忍不住啦，他腾的一声蹿出水面，对着鸳哥大骂起来。

"我没冤枉你啊。"鸳哥摊摊双翼，故作一副无辜的模样，"你们看看自己躲在水里的那副胆小样儿，就只有嘴巴和眼睛露在水面上，多像个乌龟王八呀，哈哈，难怪人们叫你们'王八鸭子'呢，还真像个小王八呀！"

一次次地被鸳哥侮辱，卡拉塔终于忍无可忍，他扬起一扇小小的翅膀，指着鸳哥，一句一句的谩（màn）骂声就像机关枪似的扫射了回去：

"你以为自己长得有多好看呀？瞧你那身花里胡哨的羽毛，俗到家了，真太没品位了！"

"再看看你头上那顶滑稽的大帽子，简直太夸张太可笑了，你以为自己是拿破仑转世呀？"

"还有你屁股上的那两扇尾羽，翘得那么高做啥？生怕人家不知道你有个大肥臀啊？真是好笑死了！"

"住嘴！住嘴！你这只该死的小鹛鹛！"鸳哥没想到卡拉塔

竟会反唇相讥，而且连珠炮似的说得他根本没有还嘴的余地，顿时被激怒了，扑过来就要追打卡拉塔。

"卡拉塔，快跑！快跑！"嘀嘀嗒见鸳哥真的动了怒，生怕卡拉塔吃亏，赶紧高喊着让他逃跑。

刹那间，平静的池塘上掀起了一片水波纷飞的喧闹景象，只见一大一小两只水鸟，在水面上来来回回跌跌撞撞地追逐着，唧唧呱呱的惊叫声响成了一片，惹得塘边和岸上的各种鸟儿都伸长了脖子，惊讶地观望着池塘中央正在激情上演的追逐大戏。

"臭小子！你再跑！你再跑，我看你再往哪儿跑！"鸳哥一边怒气冲冲地追赶着，一边恶狠狠地威胁道，"抓到你，我一定要把你身上那些难看的灰羽毛拔光光！"

"来呀，来呀，我才不怕你呢！你不是笑话我不会飞吗？那你怎么追不上我呀，我看你是肥得不行了吧，快去减肥吧！"卡拉塔一边跑，一边还不停地回敬着鸳哥。

　　“卡拉塔，别跟他啰唆了，快跑呀，小心被他追上了！”眼看着鸳哥越追越近，这可急坏了一边的嘀嘀嗒。

　　经嘀嘀嗒这么一提醒，卡拉塔这才突然发现那鸳鸯已经离自己不到两米的距离了，他顿时惊出一身冷汗，想也没有多想，就奋力一跃，重新跳回岸上，朝着浓密的草丛连滚带爬地跑去。

　　“哼，想跑？没门儿！”鸳哥大喝一声，也纵身跳上岸，一摇一摆地向卡拉塔追去。

　　茂密的草丛中顿时传来稀里哗啦的吵闹声，还有鸟儿撕心裂肺的尖叫声。

　　“卡拉塔——卡拉塔——你怎么啦？”嘀嘀嗒大惊失色，急急忙忙地爬上岸，向着草丛冲了过去。

　　拨开高高的草丛，嘀嘀嗒一直朝着不断传过来的尖叫声冲

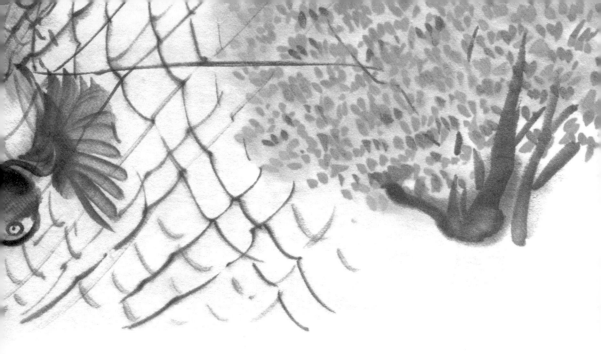

去。当他跑到两株大海桐跟前，钻出密匝匝的茅草丛时，眼前的景象让他大吃一惊——

只见前方两株海桐树的中央，挂着一张又细又密的丝网，卡拉塔和鸳哥就像两只大布袋，惊恐万状地倒挂在丝网上。那些透明的细丝就像章鱼的爪子一样，紧紧地缠在了他们的脚上！

原来，卡拉塔在前面慌不择路地逃跑，鸳哥在后面穷追不舍步步紧逼，没想到在前方的海桐丛中，竟布着一张不易察觉的捕鸟网。结果，这对小冤家一前一后，都撞进了这张不知是哪个缺德鬼布下的捕鸟网中。

卡拉塔和鸳哥都吓得拼命扑腾，谁知他们越挣扎，捕鸟网就把他们的双脚缠得越紧。不一会儿，两只可怜的鸟儿就筋疲力尽地瘫倒在捕鸟网上，动弹不了了。

四　傲慢的鸳哥

五　身陷捕鸟网

"嘀嘀嗒，嘀嘀嗒，救命呀！"看到嘀嘀嗒从远处的草丛中钻了出来，卡拉塔又情不自禁地扑腾起来，结果身上的丝网越缠越紧、越缠越紧。

"快停下来！不要再挣扎了！"鸳哥在一边赶紧提醒道，"你这样越挣扎，只会缠得越牢。"

"卡拉塔，你别急，我来救你！"嘀嘀嗒大喝一声，急匆匆地扑了过来。

"停住！停住！"鸳哥急得高喊起来，"你千万别过来！这个网线又细又密又软，一不小心被它缠上就完了！"

嘀嘀嗒赶紧停下脚步："那，那，我该怎么救你们？"

"现在天色已经越来越暗了，你看不清这些丝网的，弄得不好反而把自己也搭进来，那就更糟糕了。这样吧……"鸳哥这时候已经完全冷静下来，他抬头看了看天色，然后低下头，用扁扁的嘴巴从自己的胸前拔下一片棕色的羽毛，"你拿着这支羽毛，赶紧去池塘最南边的那片芦苇丛里找我的父母，你把羽毛交给他们，他们就会找帮手来救我们的。"

嘀嘀嗒一边慢慢靠近鸳哥，一边安慰道："鸳哥、卡拉塔，你们别担心，我一定会尽快把救兵带过来的！"

"嗯嗯，你小心点，小心点，千万不要碰到丝网！"卡拉塔也慢慢平静了下来，他不断地提醒着嘀嘀嗒要小心。

嘀嘀嗒从鸳哥嘴里成功地拿到了那片美丽的羽毛，赶紧转身往草丛外跑去，他得在天色完全变黑之前，尽快找到鸳哥的父母。

倒挂在捕鸟网上的卡拉塔，心里越想越难受。自己怎么就这么倒霉呢？本来变身过来，好好地在那里观察蚕宝宝的，可偏偏就遇上了这只讨厌的鸳鸯，仗势欺人挑起事端，结果好了，弄得两败俱伤，都困死在这可恶的捕鸟网里了。

卡拉塔越想越气，忍不住埋怨道："都怪你，要追我，不然我们也不会这么倒霉！"

"我为什么要追你？还不是因为你像个小泼妇一样出口伤人！"鸳哥低沉着嗓音说道。

"谁像小泼妇了？明明是你开口骂人在先，我本来还好好地跟你打招呼的呢，是你那么趾高气扬的好不好？"

"好，一开始我是有点瞧不起你，这算我不对好不好？可是后来，我好端端地在吃虫子，你干吗又要来惹我呢？"

"那不是虫子，那是蚕宝宝，多可爱的小生命呀，专门吐丝的……"卡拉塔争辩道。

"那就是虫子呀！在你眼里，它可能是可爱的蚕宝宝，但对于我们鸳鸯来说，那就是很普通的食物呀，鸳鸯吃虫子，天经地义的事情！"

"可是……可是……"卡拉塔一时又找不出什么反驳的理由了。

"好了好了，事到如今，我们就不要再斗气了。"鸳哥看了一眼气鼓鼓的卡拉塔，息事宁人道，"你就安安静静地等着他们来救我们吧。"

"可是我哪里安静得了啊！"卡拉塔费力地扭了扭身子，感觉全身的骨头都在痛，"这样被吊在网里，真的太难受了，憋得我气都快透不过来了！"

说着，卡拉塔又下意识地展开翅膀，啪啪啪地挣扎起来。

"别动！别动！"鸳哥赶紧提醒。

可是卡拉塔却感觉浑身的血液都在往脑袋上冲，根本就停不下来。他越使劲地拍打翅膀，勒在腿上的丝网就越往肉里嵌了进去，结果那钻心的疼痛使他变得更加慌乱，不顾一切地挥舞着翅膀胡乱拍打起来。

忽然，一阵巨大的疼痛从卡拉塔的右肩传来，他唧唧唧地失声尖叫了几下，便颓然瘫软下来。原来，他的一只翅膀因为胡拍乱打，又被丝网给缠住了。

"你怎么了，小鹂鹂？哦不，卡拉塔！"鸳哥急得大喊起来，"喂！喂！你醒醒，快醒醒啊！"

在鸳哥一声接着一声的叫唤中，差点疼晕过去的卡拉塔，这才慢慢缓过劲来。他苦笑着对鸳哥说："真不该不听你的，这下更惨了，翅膀也扭到了。呃，脖子好像也被勒到了，好难受呀！"

鸳哥仔细一看，不禁大惊失色：只见卡拉塔的右翅已经被翻转着缠在了丝网上，而且还有一根细得几乎看不见的丝线卡在了他的喉咙下面，要不是那些厚厚的羽毛保护着，脖子可能早被这条丝线给勒断了！

"嘘——这回不是开玩笑的，你千万不能再动了！"鸳哥一边尽量稳定住卡拉塔的情绪，一边扑闪着羽翼，挣扎着靠向卡拉塔。

渐渐地，渐渐地，鸳哥向着卡拉塔越靠越近，越靠越近，但是缠在脚上的丝网，就像魔鬼的双手似的死死地拽着他，不让他再往前挪一步。

"好气闷……好气闷……快透不过气了……"那丝线显然卡住了卡拉塔的气道，他开始变得奄奄一息。

"哦！"鸳哥大喝一声，拼尽全力往前一扯，嘴巴终于够到了卡拉塔的胸前。这时，一股钻心的疼痛，就像汹涌的波涛从腿上漫向全身。鸳哥咬着牙昂起头，一口衔住了勒在卡拉塔脖子下的那根丝线，用力地往下拉扯。

一下，两下，三下，终于将那段致命的丝线给扯松了。

"卡拉塔，你醒醒！"鸳哥一边呼唤着，一边继续用嘴去扯缠在卡拉塔翅膀上的丝线。他似乎已经完全忘却了自己脚上的疼痛。

不知从什么时候起，天空中淅淅沥沥地下起了小雨。卡拉塔在雨水的冲淋下慢慢醒了过来。

这时，他发现自己正躺在捕鸟网边，除了一只脚上还紧紧地缠着可恨的丝网，胸口和翅膀上的其他丝网都已经松开了。

是鸳哥，是鸳哥救了我！卡拉塔蓦然醒悟过来，他赶紧抬起头，向四周张望起来。

这时他终于看清楚了，白天里生龙活虎的鸳哥，正紧闭着双眼，一动不动地躺在自己的身后，好像睡着了一般。

"鸳哥！鸳哥！你怎么了？"卡拉塔挣扎着转过身，伸出翅膀想去拍拍鸳哥的脸蛋，却沾到了黏糊糊的东西。卡拉塔借着天黑前的最后一丝光线仔细一看，差点惊呼起来：翅膀上竟沾满了鲜血！

卡拉塔扑到鸳哥跟前，这才看到，鸳哥的嘴里满是鲜血，那

五　身陷捕鸟网

扁扁平平的嘴巴，已经被割出了一道道深深的口子，还有一股股殷红的血液不停地冒出来、冒出来。

原来是鸳哥不惜割破了自己的嘴巴救了我呀！卡拉塔的心里就像骤然间燃起了一把大火，滚烫滚烫，火烧火燎的。

"鸳哥，鸳哥，你快醒醒呀！"卡拉塔使劲地推了推鸳哥，却发现鸳哥脸色惨白，已经完全没有了知觉。这时他又注意到，原来鸳哥的两只脚踝，也被缠在上面的丝网割破了，鲜血从伤口里不断地淌出来，顺着雨水滴到了草地上，顿时开满了一朵朵触目惊心的小红花。

不行，这样下去，鸳哥会因为失血过多而死掉的！我得想办法救他！

卡拉塔深深地吸了一口气，闭上眼睛，不断地暗示自己：冷静、冷静、冷静。

怎么办？如果等鸳哥的父母带救兵来，那还不知要多少时间呢，鸳哥肯定是挺不了那么久的。现在唯一的办法，就是尽快帮他止血！

可是，现在已经快天黑了，又下着雨，树林里面连个鬼影子都没有，而且我们还被困在这该死的捕鸟网上，怎么帮鸳哥止血呢？

就在卡拉塔心焦万分的时候，一片叶子不知从哪里随着风雨飘了过来，落在了卡拉塔的跟前。这是一片海桐叶，厚厚的叶片绿油油的，就像一把小蒲扇，挺可爱的。

有了！看到这片海桐叶，卡拉塔的脑子里顿时灵光一闪。他想起了生物老师曾经在课堂上教过他们，很多植物都有非常神奇的药用价值，其中有不少植物就有消炎、止血、解毒的功效，比如野蕨（jué）草、石榴皮、栀子花、山茱萸、夏枯草等等，还有这海桐叶，也是可以止血的！

谢天谢地！身边就有两株大海桐，而且四周的草丛里，也有不少野蕨草，这下鸳哥有救了！

卡拉塔于是拖着一条被紧紧缠住的腿，拼尽全力向一株海桐树爬去。他用尖尖的小嘴，一片一片地摘下了一大把海桐叶，一点一点地衔回到鸳哥身边，然后靠着鸳哥的身体慢慢坐了下来。

卡拉塔把一片又一片的海桐叶放进嘴里，不停地嚼啊嚼，直到嚼出了满嘴的绿汁，才把这些嚼烂了的海桐叶，连渣带汁敷在了鸳哥的嘴角边和脚踝上。

雨终于渐渐停了，鸳哥嘴上和脚上汩汩流淌的鲜血也慢慢止住了。筋疲力尽的卡拉塔这才松了一口气，靠着脸色逐渐红润起来的鸳哥，迷迷糊糊地睡着了。

六 团结就是力量

卡拉塔和鸳哥在树林下的草丛里经历了一场惊心动魄的生死考验；而前往池塘最南边芦苇丛去搬救兵的嘀嘀嗒，也经历了一场艰难曲折的求援过程。

当嘀嘀嗒衔着鸳哥胸前拔下来的那支羽毛，神色匆匆地穿过整片池塘，来到那片一望无际的芦苇荡的时候，夕阳已经完全落了下去。一只羽翼丰满的灰褐色成年雌鸳鸯，正站在芦苇尽头的田埂上，伸长着脖子在向池塘里张望，口中还不断地念念有词道："怎么还没回来呢？怎么还没回来呢？这孩子！到哪去了？究竟到哪去了？"

这只雌鸳鸯正是鸳哥的母亲莺阿妈，她的模样虽然长得跟雄鸳鸯差不多，但身上的毛色简单多了，既没有闪着金属光泽的斑斓羽毛，也没有帽子一般的头冠和帆状一样直立的尾羽，倒更像是一只普普通通的鸭子。

"孩子他妈，别担心了，鸳哥都已经长大了，能出什么事？不就是贪玩嘛，别管他，我们回去吧！"田埂下的芦苇丛中，鸳哥的父亲鸳阿爸正在不断地啄食着漂浮在水面上的草根。看到莺阿妈焦急的样子，他忍不住劝慰道。

嘀嘀嗒远远地就看到了站在田埂上的那只雌鸳鸯，他奋力游过去，正想跟她探问一下，知不知道鸳哥的家在哪儿，那鸳鸯却指着嘀嘀嗒嘴里的羽毛，哦儿哦儿地尖叫起来："孩子他爸！孩子他爸！鸳哥出事了！鸳哥出事了！"

在芦苇丛中吃得正欢的鸳阿爸，听到莺阿妈的叫声，赶紧腾的一下，从芦苇荡里蹦到了田埂上："怎么了，孩子他妈？"

"你看，你看，那只小鹏鹏的嘴里，正叼着鸳哥身上的羽毛呢！"莺阿妈的声音颤抖着，急得快要哭出来啦。

"天哪，真的是鸳哥的羽毛啊！"鸳阿爸大叫一声，扑棱棱地从田埂上直飞下来，落在了嘀嘀嗒的身边，"小鹏鹏，快说！我家鸳哥怎么了？"

原来，这是鸳阿爸和莺阿妈跟儿子事前约好的暗号，一旦鸳哥遇到了什么危险，就拔下胸前的羽毛当作求救信号。所以看到嘀嘀嗒口中的羽毛，他们就知道自己的孩子出事了。

"你们就是鸳哥的爸爸妈妈呀？"嘀嘀嗒上气不接下气地说道，"太好了，我正担心找不到你们呢。你家鸳哥，还有我的好朋友卡拉塔，都被那边海桐树下的一张大网给缠住了……"

"天哪！你说的是不是一张那么大、那么大，又细又密的丝网啊？"莺阿妈扑闪着一对翅膀，焦急地比画着。

"对对对，就是这样的网，把鸳哥和卡拉塔的脚都给缠住了。"嘀嘀嗒拼命点头，"所以鸳哥就给了我这支羽毛，让我来找你们。"

"孩子，你做得好！"鸳阿爸目光炯炯地望着已经有些影影绰绰（chuò chuò）的对岸，语气沉重地说道，"那是偷猎者布下的捕鸟网，在我们这片湿地里，经常会有不幸的鸟儿在那里送命！"

"那我们赶紧想办法去救他们吧，估计他们撑不了多久的！"被鸳阿爸这么一说，嘀嘀嗒更心急了。

"那张捕鸟网很大，也很凶险的，光靠我们三个，肯定没办法把他们解救出来，弄得不好，我们也会被缠进去的。"鸳阿爸皱着眉头说道。

"那你快想想办法呀，这只小鹛鹕已经说了，孩子们撑不了多久的。"莺阿妈说着说着就哭了起来。

"走！我们再去找一些帮手来，人多力量大！"鸳阿爸说道。

鸳阿爸和莺阿妈带着嘀嘀嗒，向岸边那片由厚厚的水草织成的草滩绿毯急匆匆地游去。

傍晚的水草滩上，聚满了正在觅食的水鸟：神态优雅的白鹭，轻盈地踱着碎步，在草滩上缓缓地走着，不时低头啄起一刺猬是一种体长不过25厘米的小型哺乳动物，它体肥矮，爪锐利，眼小毛短，嘴尖而长，浑身布满短而密的刺，体背和体侧满布棘刺。受惊时，全身棘刺竖立，卷成刺球状，把头和4只脚都完全藏在了里面。

刺猬住在灌木丛内，会游泳，很怕热。它有一个很长的鼻子，它的触觉与嗅觉很发达。它最喜爱的食物是蚂蚁与白蚁，当它嗅到地下的食物时，就会用爪挖出洞口，然后将它长而黏的舌头伸进洞内一转，即获得丰盛的一餐。

颗螺蛳，然后脖子一扬吞了下去；神情悠然的黑水鸡和苦恶鸟，头颈一伸一伸地在草滩上追逐奔跑着，抢夺着一只小小的蚂蚱；一只体格健壮的绿头鸭，正弯腰低头趴在草毯子上，小心翼翼地梳理着自己的羽毛……

草滩边的岸上，几只小刺猬正在用小爪子不停地抠着脚下的泥土，然后把从泥土里翻出来的蚯蚓、甲壳虫和蜗牛塞进嘴里，美美地吃着；不远处的草丛里，一只黄鼠狼正在那里探头探脑地寻找着食物，他最爱吃的，是在田埂下打洞的田鼠，还有就是草丛里的昆虫和水岸边的青蛙，可是不知道为什么，大家见了他就想跑，可能是他放的屁实在太臭了吧。

岸边的大树上，戴胜鸟正高竖着华丽的头冠，尽情地捕食着飞

蛾和金龟子；个子小小的**斑鱼狗**，就像一个矫健的跳水运动员，倏的一下从树枝射入水中，十分精准地从水下叼起一条银光闪耀的小鱼儿，又扑啦啦飞回枝头，美美地享用起来……

"朋友们！朋友们！不好啦，我的孩子出事啦，大家快来帮帮忙啊！"还没有游到草滩边，鸳阿妈就迫不及待地大喊起来。

听到喊声，小动物们纷纷停下捕食动作，聚集到了岸边的草滩旁。

"怎么啦，鸳阿妈，你的孩子遇到什么危险啦？"白鹭捋了捋洁白的羽翼，关心地问道。

"刚才下午，鸳哥不是还好好的吗？我都见到过他的啊……"绿头鸭从翅膀下钻出头来，满脸的疑惑。

斑鱼狗是一种中型鸟类，长着一对白色的眉纹，通体呈黑白斑杂状，头顶冠羽较短，尾巴白色，上面有宽阔的黑斑，翅膀上有宽阔的白色翅带，飞翔的时候非常明显。下半身为白色，雄鸟有两条黑色胸带，前面一条较宽，后面一条较窄，雌鸟只有一条胸带。

斑鱼狗主要栖息于低山和平原溪流、河流、湖泊、运河等开阔水域岸边，喜欢成对或结群活动，喜欢喧闹嘈杂，经常盘桓在水面寻找食物。主要吃各种小鱼，同时也吃甲壳类和多种水生昆虫及其幼虫，偶尔也啄食小型蛙类和少量的水生植物。

"是啊，我还看到他跟一只小鸊鷉在那里打闹呢！"黑水鸡一抬头，正好瞧见了跟在鸳阿爸身后的嘀嘀嗒，"喏喏喏，就是他的小伙伴！"

"那你的孩子到底遇上什么麻烦了？大家该怎么帮助你呢？"水底的大甲鱼也浮了上来，热心地问道。

"是这样的，"鸳阿爸指了指嘀嘀嗒，又回身指了指远处那片海桐花盛开的茅草丛，大声说道，"我们的儿子鸳哥和他的小伙伴卡拉塔，在那边的草丛里，被一个偷猎者的捕鸟网给缠住了……"

偷猎者！听到这三个字，小动物们吓得霎时乱作一团：黑水鸡和苦恶鸟唧唧尖叫两声，扑通扑通跳入水中潜进了水底；白鹭和戴胜鸟扑啦啦地展开翅膀，眨眼间就飞出了好远好远；大甲鱼把头一缩，沉下水去不见了影儿；小刺猬把身子一团，蜷成了一个个皮球；就连大伙都有点怕怕的黄鼠狼，也把脑袋缩进了草丛当中。

刚才还叽叽喳喳、一片闹腾声的草滩上，一瞬间变得死一般的沉寂了。

哎！可怜的小动物们呀，一听到偷猎者这几个字就吓成了这样，可见偷猎者在他们的心里留下了多么可怕的印象啊！嘀嘀嗒的心里充满了悲哀。

天空中忽然淅淅沥沥地飘下雨来，鸳阿爸和鸯阿妈的心，也被这雨水淋得透凉透凉的。

"走吧。"鸳阿爸万分失望地转过身,"看来,只有我们几个自己去拼死相救了。"

"不行!我们这样不是等于去送死吗?"嘀嘀嗒突然拦住了鸳阿爸的去路。

"那还能怎么样呢?我们总不能见死不救吧!"鸳阿爸的眼睛都快红了。

"鸳哥爸爸,您先别着急。"嘀嘀嗒望了望一片寂静的四周,伸了伸脖子,提高嗓门喊道,"朋友们!伙伴们!我知道你们其实都没有走远,你们就躲在水底下、树枝上、草丛里,其实你们都牵挂着鸳哥的安危,对不对?"

鸳阿爸和鸯阿妈都愣住了,他们不知道这只小鹧鸪究竟想干什么,于是呆呆地看着他,一副不知所措的样子。

"我知道,你们都很害怕偷猎者。没错,偷猎者的确很凶残,他手里还有武器,我们这里不管谁,跟他去单打独斗的话,没有一个会是他的对手。但是——"嘀嘀嗒昂起了小脑袋,语气铿锵地说道,"你们有没有想过,偷猎者就算再厉害,他也不过只有两只手两条腿,而我们有这么多伙伴,假如我们团结起来,一起对付他,我们有多少双手,多少条腿?你说他能应付得过来吗？"

"好像是蛮有道理的哎。"那只大甲鱼不知什么时候又从水底浮了上来，瞪着圆圆的眼珠子说道。

"就是啊，我们有这么多人，为什么要怕他呢？"停在大树上的白鹭也呼啦啦地飞回到了草滩上。

"偷猎者那么坏，如果我们不起来跟他斗争的话，他就会越来越肆无忌惮了，到时候吃苦头的还不是我们大家？"嘀嘀嗒趁热打铁地鼓励道，"我们每个人都有自己的秘密武器，只要我们齐心协力，不仅可以救出鸳哥和卡拉塔，还能把那个可恨的偷猎者赶出湿地去！"

"对啊！对啊！我有锋利的喙和爪，可以把偷猎者的眼睛抓瞎！"白鹭义愤填膺地嚷道。

"我们可以用身上的钢刺扎他！"刺猬们哗啦呼啦地展开身体，重新跑回了岸边。

"我可以用尖利的叫声来震破他的耳膜！""我可以用头上的凤冠扇他的耳光！"树上的斑鱼狗和戴胜鸟，跳着脚争先恐后地喊了起来。

"我要用嘴巴狠狠地咬断他的手指头，让他再也作不了恶！"大甲鱼也不甘示弱。

"还有我！还有我！我可以放臭屁，熏死他！"黄鼠狼也按

捺不住，从草丛里跑了出来。

"啊呀黄鼠狼！你来凑什么热闹！"黑水鸡吓得一蹦老远，因为从小爸爸妈妈就告诫他，"黄鼠狼给鸡拜年，没安好心"，所以一定要远离他。

"咳，咳，你们别再冤枉我啦！"黄鼠狼有点委屈地说道，"其实我从来都不吃鸡的，我只爱吃田鼠和鱼、蛙、昆虫，倒是那个偷猎者，我恨不得咬他两口！"

"为什么呀？他连你们黄鼠狼也不放过吗？"黑水鸡吃惊地瞪圆了眼睛。

"是啊，前几天，我的一个兄弟被他打死了，还被剥了皮……"黄鼠狼说着，难过地流出了眼泪。

"我们再不能任他胡作非为了，一定要团结起来，打败他！"嘀嘀嗒义正词严地喊道。

"对，团结起来，打败偷猎者！把鸳哥和小鹬鹏救出来！"

淅淅沥沥的小雨中，越来越多的小动物们群情激愤地聚集起来，大家在鸳阿爸和嘀嘀嗒的带领下，浩浩荡荡地向着那片长满了海桐树的茂密草丛进发。

七　勇斗捕鸟贼

再次醒来的时候，天色已经一片漆黑。卡拉塔下意识地抖了抖浑身湿透了的羽毛，把水珠从身上抖落掉了一大片，这才感觉舒服一点。

"嘀嘀嗒——，嘀嘀嗒——，"他脱口而出地喊了几声，这才意识到自己仍处在困境之中，嘀嘀嗒并不在身边。

"嗯——"身边传来一声轻微的呻吟，卡拉塔转头一看，被雨水淋得湿嗒嗒的鸳哥，正躺在自己的脚边。

"鸳哥！鸳哥！你醒了吗？"卡拉塔惊喜地喊道。

鸳哥却没有任何回应。夜幕下的草丛中，万籁沉寂，只有小雨落在树叶上的簌簌声，在不断地回响。

嘀嘀嗒呢？他不是去搬救兵了吗？都过了这么久了，他怎么还不来呢？会不会出了什么事？一阵莫名的恐惧从卡拉塔的心底油然而生，他睁着一双圆圆的眼睛，无助地凝望着黑漆漆的远方。

小雨不知在什么时候悄悄地停了，气温却骤然降了下来，卡拉塔冷得开始打颤。他往前挪了挪，紧紧地倚靠在鸳哥的身边，把身体蜷成了一团。

不会的，不会有事的，嘀嘀嗒是神鼠，他一定会有办法来解救我们的。卡拉塔在心里不断地安慰自己，给自己加油打气。

"嗯——"身边的鸳哥又轻轻地呻吟了一下，身体还下意识地抖动了两下。卡拉塔赶紧俯下头去，对着鸳哥呼唤起来："鸳哥！鸳哥！你快醒醒！快醒醒呀！"

卡拉塔一边呼喊着，一边伸出翅膀轻轻地拍打着鸳哥的身体。一下，一下，一下，终于把鸳哥身上的雨水全部拍打干净。

他瘸着那条被丝网死死缠住的右腿，气喘吁吁地在鸳哥身边坐了下来，一对小小的翅膀还紧紧地护在鸳哥的身上。

天空中，月亮竟然悄悄爬了上来。明亮的月光从树缝中洒下来，照在了鸳哥沉睡的脸上。这是一张多么精致而又俊朗的脸蛋呀：前额和头顶的中央是翠绿色的，闪着金属的光泽；雪白的眉纹既宽又长，一直向后延伸，与羽冠连成了一体；眼眶的前面是淡黄色的，上方和耳羽是棕白色的，颊部有一片棕栗色斑，脖颈的两侧还有长矛形的灰栗色领羽。世界上，还有什么生物能够拥有如此华美的脸庞呢？可是我，偏偏要口无遮拦地说他长得艳俗没品味，这要是换成了别人，谁能不生气呀？卡拉塔一边暗自赞叹着，一边又忍不住自责起来。

"鸳哥，都是我不好，惹你生气了，才害得我们被困在了这里。你快醒醒吧，我今后再也不会惹你生气了！"说着说着，卡拉塔眼泪都快要掉出来了。

"嗯——"又是一声轻叹，然后躺在地上的鸳哥竟然慢慢地睁开了眼睛！

"卡拉塔，是你吗？"鸳哥凝望着卡拉塔，"你刚才说什么？什么惹我生气了？"

"你醒啦？哈哈，你终于醒啦！"见鸳哥终于睁开了眼睛，卡拉塔顿时破涕为笑，"没什么没什么，我是说，今后我再也不惹你生气了，我们就做好朋友吧！"

"嗯！嗯！"鸳哥点了点头，"刚才我怎么了？好像睡了很久很久……"

"你为了救我，把自己给割伤了，流了好多好多的血，所以就昏迷过去了！"

"哦！"鸳哥低头看了看自己的脚踝，发现上面糊满了绿花花的东西，顿时醒悟过来，"所以，是你救了我呀？小鹦鹉卡拉塔，太谢谢你了，我的救命恩人！"

"你才是我的救命恩人呢，应该我谢谢你才对！"

"卡拉塔，都这么久了，你的小伙伴怎么还没回来呢？他该不会是找不到我家在哪里吧？"鸳哥担心地问道。

七　勇斗捕鸟贼

"不会的，嘀嘀嗒最聪明了，他一定会找到你家的！"卡拉塔十分坚定地说道。他心想：人家嘀嘀嗒可是会变身的神鼠哩，怎么可能找不到你家呀。可是，他又不能把这个秘密告诉鸳哥。

"好吧，那我们再等等吧。"鸳哥无奈地说道。忽然，远处的草丛里传来一阵窸窸窣窣的脚步声，然后，有一道晃来晃去的光线在草丛中不断地逼近。

"来了！"卡拉塔惊喜地喊道，"一定是嘀嘀嗒带着救兵赶来了！"

"爸爸！妈妈！我们在这里！"鸳哥赶紧高喊起来。

"嘀嘀嗒！嘀嘀嗒！我们在这里！"卡拉塔也紧跟着大声叫喊。

哗啦——哗啦——的声音越来越响，越来越响，然后，前方一米多高的茅草蓦地被什么东西一把掀开，一个巨大的黑影从草丛中走了出来，站在了捕鸟网的跟前。

卡拉塔惊恐地抬头一看，差点失声惊叫起来：眼前站着一个身形高大的黑衣人，只见他左手握着一支长竹竿，右手拿着一把手电筒，宽大的帽檐下，一缕长发披垂下来，长发后面是一张阴鸷而瘦削的长脸。他，他，他不是那个在博物馆里的黑衣人吗？！

"糟糕，是捕鸟贼！"鸳哥惊叫一声，张开双翼，在丝网里徒劳地扑腾起来。

博物馆里的黑衣人，怎么突然变成了湿地里的偷猎者呢？卡拉塔觉得脑子有点懵圈，他怎么也没办法将这两个角色联系起来。

"嘘——安静！安静！"那个黑衣人握着手电筒的右手竖起一个食指，抵在薄薄的嘴唇上，眼神得意地说道，"你们跑不了的，别挣扎了，乖乖就擒吧，我保证让你们少吃点苦头！"

"你这个偷猎者，小心受到法律的制裁！"卡拉塔忽然大叫一声，把那个黑衣人震得愣怔了一下。

"呦，这还是一只会讲话的小鹩鹛呢！"黑衣人沉下脸，"你说什么？受到法律的制裁？我不过是抓了两只小鸟，犯法啦？法律可没管得那么宽吧！"

"亏你还到博物馆去参观了呢，看来你什么知识都没有学到！"卡拉塔非常不屑地说，"在湿地里安放捕鸟网，偷捕偷猎，这就是非法的行为，被抓到是要受惩罚的！"

"喔呦呦，我怕死了，怕死了！"黑衣人阴阳怪气地说道，"来抓我呀，来抓我呀，看看到底是谁先抓谁！"

说完，黑衣人伸出手，恶狠狠地向卡拉塔抓了过来。好在卡拉塔眼疾手快，一闪身，不仅躲过了黑衣人的手，而且还趁机回头，在黑衣人的手上狠狠地啄了一口，顿时把黑衣人疼得龇牙咧嘴地尖声怪叫起来。

"你这只该死的鸟儿！"黑衣人后退两步，然后举起手中的长竹竿，向卡拉塔和鸳哥没命地扫来。

哦儿，哦儿，哦儿，哦儿——

唧唧唧唧，唧唧唧唧——

捕鸟网上顿时响起一片惊天动地的惨叫声。

"住手——！"

黑暗中忽然传来一声长啸，随后一片稀里哗啦的声音就从四面八方传来。听到声音，鸳哥惊喜起来："是爸爸！爸爸来了！"

刹那间，天空中和水面上，小动物们突然成群结队地涌了出来，把偷猎者团团围在了草丛的中央。

冲在最前头的鸳阿爸就像一位毫不畏惧的勇士，照着黑衣人的脑门子飞身撞去。说时迟，那时快，黑衣人还来不及反应过来，就听砰的一声，满脑袋的金星就从他的眼前冒了出来。

他踉跄了几下，刚刚站稳脚步，肩膀上就传来一阵钻心的疼痛，抓在手里的电筒也骨碌碌地滚落到了草丛里。原来，紧跟在鸳阿爸身后的嘀嘀嗒，又用尖尖的嘴巴狠狠地啄了黑衣人一口。

"哇呀呀！"黑衣人气得就像疯了似的，抢起另一只手中的长竹竿，就转着圈子胡乱地横扫起来。

一时间，小动物们都无法靠近。

"我来！"只见黄鼠狼转过身，把圆圆的屁股对准黑衣人的方向，毛茸茸的大尾巴往上一翘，"噗——"一声，一股怪异的臭味就向黑衣人直扑而去。

"好臭！"黑衣人下意识地举手捂鼻，手中的竹竿停顿了一下。就在这时，几只小刺猬连跑几步，随即滚成一个个小刺球，向着黑衣人的脚下飞快地滚去；而白鹭、戴胜鸟、黑水鸡、斑鱼狗、苦恶鸟等小伙伴们也都瞅准时机，一齐向黑衣人扑了过去，对着这个可恨的偷猎者又啄又抓，嘶吼抗议。

"妈呀！"黑衣人吓得丢下竹竿，举起双手护着脑袋，转身就想往草丛外跑，却没想到一脚踩在了刺猬的身上，顿时扎得他龇牙咧嘴，一个跟头栽倒在了地上。

"得好好教训教训他，别让他跑了！"不知谁喊了一声，吓得惊慌失措的黑衣人挣扎着爬起来，拼命想往外逃。谁知脚下一块大石头，又将他结结实实地绊了个嘴啃泥。

"嘿嘿，看你往哪里逃！"大石头下伸出一个尖尖的小脑袋，一口咬住了黑衣人的脚趾头，疼得他又哭爹喊娘地惨叫起来。嘿！原来是大甲鱼埋伏在这里呢！

"饶了我吧！饶了我吧！"被愤怒的小动物们一顿痛打的黑衣人，帽子也丢了，衣服也扯破了，鼻青脸肿的他最后只得躺

在地上，低声下气地向小动物们求饶。

"说！以后还敢不敢欺负小动物了？"鸳阿爸怒目圆睁。

"不敢了！不敢了！"

"那你快去把我家孩子和他的小伙伴放下来，然后把那该死的捕鸟网拆掉！"鸯阿妈大声命令道。

"是是是，我马上拆，马上拆！"黑衣人灰溜溜地从地上爬起来，拆掉布在海桐树上的丝网，把卡拉塔和鸳哥放了下来。

"滚吧！再也不许到这里来胡作非为了！"在小动物们的一片驱赶声中，黑衣人连滚带爬地逃出了湿地。

八　冰释前嫌

黑衣人逃走后，小动物们都围到了鸳哥和卡拉塔的身边，关心地问长问短。

"我可怜的孩子呀，你下午不是还好端端的，怎么就突然撞到捕鸟网里去了呢？"莺阿妈紧紧地搂住鸳哥，一边上下打量着，一边心疼地流出了眼泪，"你瞧瞧，你瞧瞧，嘴巴都磕破了！啊呀呀！脚上也受伤了！"

鸳哥偷偷地看了卡拉塔一眼，不好意思地低下了头。

细心的嘀嘀嗒全部看在了眼里，他赶紧笑着打圆场："他们在这里闹着玩嘛，谁知道草丛里竟然布了一张网，一不小心就撞进来了！"

"对对对！本来啊，我们在草丛里捉迷藏的，玩得可开心了，结果突然就被丝网缠住了脚，吓得我魂儿都差点飞走了！"卡拉塔也在一边应声附和。

说完，他还悄悄瞥了鸳哥一眼，正巧鸳哥也在偷望他。四目交汇，俩人都会心地笑了起来。

"鸳哥啊，你身上怎么那么多伤呢？是那个偷鸟贼打你了吗？"白鹭在边上伸长了脖子，关切地问道。

"那倒不是的……"鸳哥顿了顿，不知该怎么说才好。这时，卡拉塔忽然接过了话茬："他是为了救我，才弄伤了自己的！"

"为了救你？"鸳阿妈吃惊地望了卡拉塔一眼，又回头望望鸳哥，将信将疑地问道，"你自己也被困在这个网里了，怎么去救他呢？"

"我……"鸳哥欲言又止。

"是这样的，刚刚撞进网里的时候，我吓坏了，因为我从来都没有见过这种捕鸟网，所以就拼命地扑腾啊挣扎啊，谁知翅膀也被丝网缠住了，还有一条丝线勒在了我的脖子上，勒得我气都透不过来了！"卡拉塔绘声绘色地描述着，所有的小动物们都屏住了呼吸，紧张地望着他。

"咳咳咳——"说到这里，卡拉塔环顾了一下满脸紧张的小动物们，清了清嗓子，继续说道，"那我不是更害怕了嘛！所以就死命地挣扎呀，结果脖子上越卡越紧，越卡越紧……"

"啊呀，这个时候你怎么可以乱扑腾呀，那会被勒死的！"黑水鸡惊恐地大叫起来。

"就是嘛！我拼命对他喊，别动啦别动啦，可他就是不听！"鸳哥忍不住补充了一句。

"那个时候，我早已慌了神啦，哪有那么冷静呀，完全是出于本能嘛！"卡拉塔顿了顿，"所以没过多久，就被勒得昏了过去……"

"呀——"小动物们都情不自禁地发出了一声惊呼。

"所以你就用你的嘴去帮他解开那些丝线了？"鸳阿爸用赞许的眼神望着鸳哥。

"嗯啊，他为了救我，嘴巴和脚踝都被丝线割破了，流了好多好多的血，差点失血过多呢！"说到这里，卡拉塔忽然意识到了什么，赶紧打住了。

"喔呦！鸳哥真勇敢啊，了不起！了不起！"小动物们又发出了一阵阵长长的惊叹。

"卡拉塔才了不起呢！"鸳哥忽然大声说道，"后来还是他救了我的！"

戴胜鸟甩了甩高高的凤冠，满脸惊讶地问道："他不是昏过去了吗？怎么又来救你啦？"

"是啊，是啊，这究竟是怎么回事？"小动物们七嘴八舌地问道。

"后来我不是失血过多吗？所以也昏过去了。还好卡拉塔醒来之后，用草药帮我把血止住了……"

"哇，这只小鹬鹬真聪明呀，不简单！不简单！"小动物们噼里啪啦地鼓起掌来。

卡拉塔顿时满脸羞红地低下了头，心里却美滋滋的。

"谢谢大家，帮助我们救出了这两个孩子。天不早了，大家已经折腾了一晚上，快回家歇息吧！"鸳阿爸说着，俯身驮起受伤的鸳哥，一摇一摆地向池塘走去。

"卡拉塔……"鸳哥回头望着卡拉塔，有些不舍地喊了一声。

"鸳哥……鸳哥……"卡拉塔也眼巴巴地在后面跟了几步，却被嘀嘀嗒悄悄地拦住了。

"卡拉塔，我们得走了。"嘀嘀嗒在卡拉塔的耳边轻声地提醒道，可是卡拉塔似乎充耳未闻。

跟在爷俩身后的鸳阿妈看到了几个孩子之间不舍得告别，便停下脚步，回头问道："嘀嘀嗒，还有卡拉塔，孩子，你是叫卡拉塔吧？天色这么晚了，你俩要不先跟我们一起回家，凑合着在我们那儿过一晚再说？"

"好的！好的！"卡拉塔仿佛听到了天大的好消息，顿时喜笑颜开地向着鸳哥一家跑去。这下嘀嘀嗒可着急了，他紧跑几步追上卡拉塔，压低声音说道："卡拉塔！你听到没有？我们该回去了！"

"不！我现在还不想回去！"卡拉塔倔强地摇摇头。

"你怎么就吃苦不记苦呢？想想看，你差点就把小命丢在那张捕鸟网上了，多危险呐！"嘀嘀嗒急了，一边威胁着，一边苦口婆心地劝告，"你来这里是干什么的？观察蚕宝宝的，不是来玩的！现在你的任务早已完成了，我们不要在这里逗留了！"

"我不回去！"卡拉塔把头一歪，态度十分坚决，"鸳哥是为了救我而受伤的，我现在管自己一走了之，太不够意思了吧？我要等鸳哥的伤养好了再走！"

卡拉塔这一番话，说得嘀嘀嗒哑口无言，他只能无奈地苦笑了一下，妥协道："臭卡！真拿你没办法，好吧，那我就受苦受累再陪你几天吧！"

"嘿嘿，这才是我的好伙伴嘛，快走快走！"卡拉塔展开翅膀，亲昵地拍了拍嘀嘀嗒，开开心心地向池塘边追去。

池塘重归宁静，小动物们已经四下散去，纷纷躲进了各自的安乐窝里准备进入梦乡。只有卡拉塔和嘀嘀嗒跟在鸳哥一家的身后，沿着幽光微泛的水面，一直游到了池塘的对岸。

翻过高高的田埂，他们来到了那片黑压压的芦苇荡边，鸳阿爸和莺阿妈的家，就在芦苇荡的深处。

"孩子们，来，快点跟上。"莺阿妈柔声提醒道，"这芦苇荡里啊，最容易迷路了，你们要紧紧地跟在我们后面，千万不要掉队了！"

"好的，鸳莺阿姨，我们就像跟屁虫一样，紧紧地跟在你的身后呢！"卡拉塔用搞怪的语气，调皮地说道。

"跟屁虫，哈哈哈，卡拉塔你是跟屁虫！"伏在爸爸背上的鸳哥，听到卡拉塔自称是跟屁虫，忍不住大笑起来。

哈哈哈哈——一阵阵开心的笑声，从芦苇荡的深处飘了出来，盘旋在湿地的上空，引来了久久的回响。

不一会儿，他们就来到了一片特别茂密的芦苇丛中。

"到家啦！"鸳阿爸轻呼一声，小心翼翼地把鸳哥放下了水面。

"来来来，孩子们，今晚你们就在这儿一块睡觉吧！"鸯阿妈指了指芦苇丛里的一片巢窝，温柔地说道，"我们家比较简陋，你们将就着休息吧！"

这是一个用芦苇秆和芦苇叶铺成的巢窝，四周的芦苇就像青纱帐似的，把这个巢窝非常隐蔽地围在了中央。

这个鸟窝，挺好的嘛！卡拉塔开心地说了声谢谢，就和鸳哥还有嘀嘀嗒一起爬了进去。

好累呀！刚在松软的巢窝上躺下来，卡拉塔就感觉一阵强烈的困意猛然袭来。

"孩子们，该起床啦，吃早点了！"鸯阿妈好听的声音在耳边响起，卡拉塔迷迷瞪瞪地睁开眼睛，这才发现，太阳都已经

　　　　　　八　冰释前嫌

挂在头顶了!

哎呀,昨天实在是太疲劳了,一觉居然睡到了大天亮。

鸳哥呢?鸳哥呢?卡拉塔一骨碌爬起来,转着小脑袋到处寻找。哈哈,鸳哥就趴在他身后呢,这会儿他正睁着圆溜溜的大眼睛望着他呢!

"鸳哥,你已经醒啦?"卡拉塔不好意思地摆了摆尾巴,关切地问道,"你身上的伤好点了没,还痛不痛呀?"

"好多了,都不怎么痛了。"鸳哥笑着说,还扬起翅膀轻轻地扑扇了一下。

　　"孩子们，别净顾着说话了，来，快点吃早饭吧！"莺阿妈说着，端上了一大捧用荷叶盛着的食物。

　　卡拉塔仔细一瞧，口水都快流出来啦！荷叶里有小虾米、小蝌蚪、小蜘蛛、小蚂蚁、小蝗虫，还有其他一些叫不出名字的小昆虫。哇，全是自己爱吃的东西呢！

　　"哇！今天开全荤（hūn）宴啊！"鸳哥也开心地叫了起来。

　　"今天有客人在嘛！你们小鹬鹬只吃荤不吃素的。"莺阿妈笑

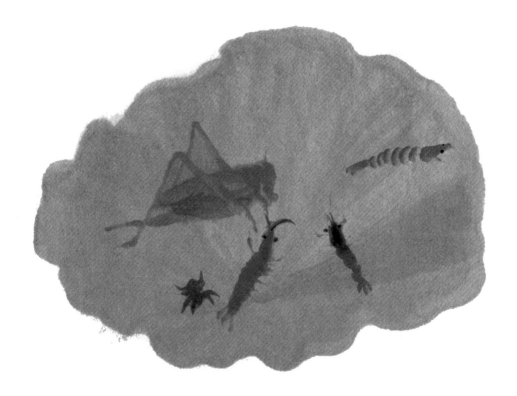

八　冰释前嫌

眯眯地说，"昨天真是太谢谢你啦，用你的聪明才智及时帮鸳哥止了血。"

"那他也是为了救我才受的伤嘛！"肚子早已饿得咕咕叫的卡拉塔，一边狼吞虎咽地吃着美食，一边感激地望了鸳哥一眼。

"对嘛，朋友之间，就应该这样互相帮助才对。"

"其实……"卡拉塔忽然有些内疚，他觉得在真诚善良的鸳阿妈面前不该说谎，于是鼓起勇气说道，"一开始我和鸳哥吵架了，后来我们追来追去，才撞进了捕鸟网里的……"

"哈哈，其实我早就看出来了，你们要只是在那里捉迷藏，不可能没有留意到那个网的，肯定是打闹追逐，才会被网住的。"鸳阿妈说着，回头瞧了瞧坐在一边的嘀嘀嗒，眨眨眼睛道："这位小朋友还帮你们打马虎眼呢，不过水平可不怎么高哦！"

嘀嘀嗒调皮地吐了吐舌头，做了个尴尬的笑脸。

"小朋友之间吵个架，甚至打打闹闹，这很正常，但关键时刻还是要齐心协力、互相帮助，所以，你们做得很好！"鸳阿妈眼角的笑意更浓了。

吃完早餐，卡拉塔感觉全身充满了活力，精神又倍儿好啦。鸳哥的脸色也变得红润起来，嘴角的伤口也好多了。

"卡拉塔，嘀嘀嗒，我带你们出去玩吧！"鸳哥提议道。

"出去玩？好啊好啊！去哪儿玩？"卡拉塔兴奋极了。

"还是先别玩吧，你的身体刚刚恢复，还需要静养休息……"嘀嘀嗒话音未落，就被鸳哥打断了："没事的，我已经快好啦，走吧！"说着就爬出巢窝，跳进了水里。

九 患难好兄弟

"鸳哥鸳哥，我们去哪里玩呢？"卡拉塔紧紧地跟在小鸳鸯身后，不断地向芦苇荡深处游去。

"刚才我们吃了一顿荤菜，肚子里是不是有点腻得慌啊？我再带你们去吃点素菜吧！"

"好的好的！"一听到还有好吃的东西，卡拉塔就特别兴奋。

"不行的！我们小鸬鹚是只吃荤不吃素的！"嘀嘀嗒焦急地喊道。

"有啥关系呢？反正只是尝一尝，觉得好吃就多吃点，觉得不好吃就不吃好啦。"鸳哥不以为然地晃晃脑袋。

"就是就是，嘀嘀嗒，你就别一本正经的啦，鸳哥说得一点没错，什么东西，都应该勇敢尝试了才知道，像你这样墨守成规怎么行啊！"卡拉塔一边附和着，一边学着大人的模样数落起了嘀嘀嗒。

"呦呦呦，昨天还是冤家对头，一副恨不得掐晕对方的样子，怎么今天就一唱一和的，穿起一条裤子来啦？"

"嘿嘿，这叫不打不相识嘛！"鸳哥憨憨地笑笑。

"没错没错，鸳哥说得太对了！"卡拉塔兴奋得有些忘乎所以地卖弄起来，"埃德蒙·伯克说过，'我们的对手就是我们的帮手'嘛！还有卡夫卡也说过，'只有真正的对手才会灌输给你最大的勇气'！"

"埃德蒙·伯克是谁呀？"鸳哥吃惊地回过头，瞪着一双迷茫的大眼睛问道，"还有什么卡夫卡，那又是谁呀？"

"哦哦，埃德蒙·伯克呀，他是爱尔兰的政治家和哲学家；卡夫卡呢，则是奥匈帝国非常著名的一位作家，他们都说了许多非常有道理的话……"卡拉塔只好硬着头皮解释道。幸好鸳哥只是哦了一声，叹息着"我都没听说过"，便没再纠结下去。

"鸳哥，你说的素菜真有那么好吃吗？"嘀嘀嗒赶紧转移话题。

"当然好吃啦！"一说到素菜，鸳哥情不自禁地咂了咂嘴，"其实呀，这素菜比荤菜好吃多了，又脆又香又甜，吃了还不腻肚子，嗯，想想都流口水了！"

"哇，这么好吃呀？"卡拉塔的馋虫被彻底勾引出来了，"鸳哥，这素菜到底是什么东西呀？是竹笋，柿子，还是青菜萝卜呀？"

"都不是的，嘿嘿！"鸳哥居然卖起了关子，"别心急，一会儿你们就知道啦。"

不一会儿，他们就穿出芦苇荡，来到了另一道田埂的边上。这里水草茂盛，青苔遍地，岸上的榛子树高大茂密，像一顶顶

九　患难好兄弟

巨大的华盖撑在头上。

"这风景好美呀！"卡拉塔四下里看了看，赞叹道，"不过好像也没什么可吃的东西呀？"

"怎么没有？这里到处都是美味佳肴呀！"鸳哥兴奋地说，"你瞧那片绿油油的苔藓，口感绵绵的，可好吃了，快来尝尝！"

苔藓都能吃啊？卡拉塔瞪大了眼睛，看到鸳哥吃得正欢，便将信将疑地走过去，非常谨慎地啄了一小簇青苔。咦，味道真的还蛮不错的哎，吃到嘴里软软的、凉凉的，还有一股特殊的香味儿。

"嘀嘀嗒，你也快来吃呀！"鸳哥快乐地招呼道，"你们看，这里的青草，味道也鲜得很呢！这些叶片、草根，还有草籽，都是可以吃的！"

真的呀？卡拉塔赶紧调转方向，扑到青青的草地上，张开小嘴大吃起来。哇！青草叶子好嫩好脆呀，咬在嘴里咔嚓咔嚓地响；那些颗粒饱满的草籽，又香又糯，味道就更好啦。

卡拉塔吃着吃着，很快就将一株青草全吃完啦。他看了看鸳哥，正在用嘴刨草根呢，于是学着他的样子，也把吃剩的草根从泥土里刨了出来。

细细的草根又白又长，卡拉塔张嘴咬下去，立即有一股甘甜的汁水冒了出来，嘿，比甘蔗还好吃呢！

　　"嘿嘿，我说这里到处都是好吃的东西吧？"鸳哥得意地指了指那些大树，"这些榛子树的种子，也非常美味呢。"

　　"这么高的树，可惜我们上不去呀！"卡拉塔抬头望望大树，有些遗憾。

　　"不用上树啊。榛子要到秋天才结果呢，现在你就是上去也没果子摘的。"鸳哥指指地上说，"但是你可以在地上找啊，草丛里有很多去年落在那里的榛果呢！"

　　一阵风儿吹来，飘来一股淡淡的微香，卡拉塔向树下的岸边望去，看到那里长着一丛丛开满了小花的灌木。这些小花有的是洁白的，有的是金黄的，可都非常奇怪地长在了同一个枝头上。

"那是忍冬树，它的种子也是可以吃的呢！"见卡拉塔看着那些花儿出神，鸳哥赶紧解释道。

"就是那种可以拿来泡茶喝的金银花啦！"嘀嘀嗒在一旁补充道。

鸳哥惊奇地打量着嘀嘀嗒，表情有些夸张地说："你们懂得都好多呀，说的好些话我怎么都听不懂？"

"嘿嘿，没什么啦，都是别人那里学来的，吹吹牛的啦！"嘀嘀嗒赶紧打哈哈。

三个小伙伴在岸边的草地上吃苔藓、吃草根、吃树叶、吃草籽、吃榛果、吃青草，美美地吃了一上午，终于把肚子撑得滚圆滚圆啦。

"原来素菜真的也这么好吃啊！"卡拉塔躺在树荫下，舔着嘴唇，满足地哼哼道。

"是吧？所以说不能光吃荤菜，要荤素搭配着吃才好呢！"鸳哥仰着脖子，挺得意地说。

这时，嘀嘀嗒悄悄地坐到了卡拉塔的身边，低声耳语道："这下你应该玩够吃够了吧？我们真的该回去了！"

"你急什么嘛！反正外面的时间是凝固的，又没人会发现，这么着急干吗呀，再多待几天嘛！"卡拉塔一副不情不愿的样子。

"你们偷偷摸摸地在说什么呀？"鸳哥突然问道。

"没什么！没什么！他在跟我偷偷地夸你能干呢！"

卡拉塔不愿意走，嘀嘀嗒也没办法，只好和他一起，跟着鸳哥又回到了芦苇荡里。

"咦，你们怎么还没回家呀？"见到两只小鹂鹈又跟着儿子回来了，鸯阿妈有点意外。

"我们……我们……没有家……"卡拉塔吞吞吐吐地说道。

"哦，可怜的孩子呀，原来你们是孤儿啊！"鸯阿妈说着，展开双翅把卡拉塔和嘀嘀嗒轻轻地搂在了怀里，"那你们就住在这儿吧，我们会像照顾鸳哥一样照顾你们的！"

"是啊，孩子们，你们就放心地住下吧！"鸳阿爸也在一旁说道。

"太好啦！太好啦！我们可以天天一起玩啦！"鸳哥开心得蹦了起来。

"谢谢叔叔！谢谢阿姨！"嘀嘀嗒回头瞪了卡拉塔一眼，又对鸳哥说道："谢谢你鸳哥！"

这天，三个小伙伴去他们最初相识的那个鱼塘里玩。

"卡拉塔，嘀嘀嗒，我们来比赛吧！"鸳哥提议道。

"好啊好啊，比什么？"卡拉塔和嘀嘀嗒都表示同意。

"比抓螺蛳怎么样？我们规定半个小时，看看谁抓的螺蛳最多！"

"没问题！"对于潜水抓螺蛳，卡拉塔觉得挺有把握的。

"那我们就开始吧！一，二，三……"鸳哥深吸一口气，大喊一声开始！三个小伙伴就争先恐后地潜入了水中。

哪里螺蛳最多呢？对了，水底的石块上！那里的泥层又厚又肥，螺蛳最喜欢待在那里了。卡拉塔毫不犹豫地向着水底潜去。

嚯，真的有好多螺蛳哎！又肥又壮，像一个个褐色的小宝塔一样，布满了水底！

卡拉塔兴奋极了，他一个俯冲潜到底，用小嘴迅速叼起一颗大螺蛳，然后快速浮出水面，把螺蛳远远地抛到岸上，又一转身钻进了水里。

三个小伙伴来来回回不知潜了多少次水，岸上的螺蛳慢慢地堆成了三个小山包。

卡拉塔终于有些累了，他好想休息一下啊，可是一看到鸳哥和嘀嘀嗒还在精神饱满地抓着螺蛳，他就咬牙坚持下来了。

卡拉塔再一次潜入水底，刚刚叼住一颗螺蛳，还没转身浮上来呢，周围的小鱼小虾忽然呼啦啦地，一下子都跑得没了影儿。

怎么回事？卡拉塔正纳闷着，忽见那条浑身长满花斑的大蛇又从边上的草丛里游了出来。

"我当是谁呢！"卡拉塔舒了一口气。这回他可不害怕了，因为嘀嘀嗒说过，这是水蛇，没有毒的。

"嘿，小鸭子，见了我你怎么不逃跑？！"那条像黄瓜一样粗的大水蛇张着满口利牙的嘴，不满地说道。

"你又不是毒蛇，怕啥嘞？"

"哼！不是毒蛇就没有威慑力啦？我倒要让你领教领教本王的厉害！"说着，那水蛇倏的一下蹿到了卡拉塔跟前，一甩尾巴，就用它那又软又长的身体把卡拉塔紧紧地缠了起来。

"放开我！放开我！我得上去换气了！"卡拉塔拼命地挣扎，可那水蛇却越缠越紧，一点没有要放开的意思。

就在这危急关头，鸳哥和嘀嘀嗒突然出现在了眼前。

"放开他！"鸳哥对着水蛇一声怒吼。

"嘀，又来两个不怕死的，"水蛇狞笑着，把卡拉塔缠得更紧了，"等我结果了这小家伙，再来收拾你们两个！"

"你妄想！"嘀嘀嗒大喝一声，和鸳哥一起冲上去，左右夹攻，照着水蛇的脑袋猛啄过去。

"哇呀呀，该死的小家伙！"水蛇骤然松开卡拉塔，甩着尾巴扫向鸳哥和嘀嘀嗒，却被他俩灵巧地避开了。

"卡拉塔，你没事吧？"嘀嘀嗒和鸳哥异口同声地问道。

"咳，咳，"卡拉塔咳嗽了两下，"我没事，你们小心！"

"那我们一起打他！一，二，三……"鸳哥一声令下，三只小鸟从不同的方向一起向水蛇发起了攻击，顾头顾不了尾的水蛇顿时乱了阵脚。它张开大嘴乱咬一通，什么也没有咬到，头上、腰上和尾巴上却被三只小鸟重重地啄了一通。

眼冒金星的水蛇知道打不过三只小鸟，只好丢下一句"好汉不吃眼前亏"就落荒而逃了。

三个患难与共的好兄弟，又一次用团结的力量战胜了敌人。

十 美丽的鸳妹

"卡拉塔，嘀嘀嗒，我们这片湿地可大嘞，你们想不想去更远的地方看看呀？"又一个阳光灿烂的早晨，鸳哥面带神秘地问两个小伙伴。

"更远的地方？在哪儿呀？"卡拉塔好奇地问道。

"就是前面的那边，那边，那边，还有好多好多池塘呢！"鸳哥的翅膀不断地指向远方。

对哦，卡拉塔忽然想起来，三基鱼塘是由好多好多镜片一样明亮的水塘，像鱼鳞一样联结而成的，可是自己来三基鱼塘已经这么多天了，都是在这一片鱼鳞状的池塘边走来走去，为什么不去其他的鱼鳞池塘里看看，到底还有什么新奇好玩的东西呢？

"那我们快走吧！"卡拉塔有些迫不及待了。

三个小伙伴向着池塘的北岸进发。

他们爬上高高的田埂，穿过那片郁郁葱葱的桑树林。卡拉塔看到，桑枝上已经挂满了密密麻麻的青色小桑果。

"再过一个多月啊，这些桑果就成熟了。"看到卡拉塔的眼睛紧紧地盯着枝头的果实，鸳哥又开始热心地介绍起来，"到时

候，这些桑果就会变得紫黑紫黑的，放到嘴里一咬，立即满嘴乌黑，可甜可甜了！"

"我知道！"卡拉塔点点头，"我吃过的，小时候在我奶奶的家里吃的。"

他们一边聊着天，一边穿出了桑树林，眼前又是一大片池塘，就跟之前他们活动的那片池塘差不多大小。

"这里跟我们那儿没啥两样嘛！"卡拉塔有些失望。

"别急，再往前走，穿过好几个这样的池塘，就可以到大漾荡了。"鸳哥安慰道，"那里是我们这片湿地中最美的地方，我也很久很久很久没去那儿了。"

"那还等什么，我们快走呀！"卡拉塔立即露出了一副无比神往的样子。

三个小伙伴继续往前赶，他们又翻过了一道一道的田埂，游过了一片一片的水塘，终于来到了一片更大的芦苇荡跟前。

"哎呀，怎么好像回到了你家呀？"卡拉塔左看看，右看看，除了无边无际的芦苇，什么也看不到，有些不开心地问，"哪里有什么最美的大漾荡啊？"

"瞧你急的！"鸳哥笑笑，"这儿的芦苇荡可比我家那边大多啦，这你都看不出来？"

"是啊，完全看不出来！芦苇荡嘛，都长得差不多的样子，根本分辨不清啊。"

"好吧，我们往里走，待会儿你就可以看到大漾荡了。"鸳哥说着，率先钻进了一望无际的芦苇丛里。

他们在青纱帐似的芦苇丛里游啊游，游啊游，游了好长时间，终于游到了尽头。

一头钻出芦苇丛后，眼前的美景顿时让卡拉塔惊呆了：只见一片豁然开朗的水面上，粼粼的波光在阳光下不断闪耀，好像在水面上洒下了无数的金银珠宝；薄薄的雾气从四周的青纱帐里不断地蔓延出来，一缕一缕地飘荡在岸边；好多好多的白鹭，像仙翁一样在水面上翩翩飞舞；一条条金色的鲤鱼，啪嗒啪嗒地从水里飞跃而起，好像要跟白鹭比能耐似的。

"这里真的好美呀——"卡拉塔情不自禁地展开双翼，在嘴巴前拢成了一个小喇叭状，大声呼喊起来。

"好美呀——好美呀——好美呀——"一声声的回音，传出

十 美丽的鸳妹

了好远好远。

"嘻嘻，真好玩儿！"卡拉塔终于开心了。

"哦儿——哦儿——"远处的芦苇丛边，忽然传来一阵熟悉的叫声。

"咦，那边怎么有鸳鸯在叫呀？"卡拉塔好奇地望了鸳哥一眼，"那叫声，跟你的一模一样哩！"

"又犯傻了，都是鸳鸯嘛，叫声当然一样啦！"嘀嘀嗒在一旁嘲笑起来。

"快过去看看！快过去看看！"卡拉塔却对嘀嘀嗒的嘲笑充耳不闻，只管自己哗啦哗啦地蹬动双腿，兴奋地朝前游去。

"哦儿——哦儿——"前方又传来两声清脆的叫声，卡拉塔终于看到啦，是一只个子小小的鸳鸯，正在岸边梳理着羽毛呢！

咦，这只鸳鸯怎么长得这么素雅呀？浑身的羽毛都是灰褐色的，根本不像鸳哥身上那么五彩斑斓的，倒跟鸯阿妈长得有几分相似。哦哦，这原来是一只雌鸳鸯呀！卡拉塔猛然醒悟过来。

"小鸳鸯你好！"卡拉塔最擅长搭讪了，他远远地就招呼起来，"我是小鹈鹕卡拉塔，这位是我的好伙伴嘀嘀嗒，还有这位——"

说着，卡拉塔回过身，把鸳哥推到了前面："这位是英俊潇洒的鸳哥，也是我的好伙伴！"

"卡拉塔？嘀嘀嗒？鸳哥？"雌鸳鸯扑闪着一双纯洁而又美丽的大眼睛，神色欣喜地问道，"哦，你们就是那边鱼塘里的'患难三兄弟'吧？听说你们赶跑了湿地里的偷猎者？太厉害了！"

"哦呵呵，原来我们已经这么有名啦？"卡拉塔有些得意，"没错，正是我们弟兄三个！"

"小鸳鸯，你还没介绍你自己呢，你叫什么名字？"嘀嘀嗒问道。

"我叫鸯妹……"雌鸳鸯说着，偷偷地瞄了鸳哥一眼，含羞地低下了头。

"鸯妹……鸯妹……"鸳哥口中喃喃着，"多好听的名字呀！"

"是呀，鸯妹，你的名字跟你一样可爱呢，又小巧，又淡雅，嘻嘻。"卡拉塔开心极了。

"卡拉塔，你别在这儿碍事了！没看到人家郎有情来妹有意吗，难道你还想在这儿当电灯泡？"嘀嘀嗒低声提醒着，赶紧拉起卡拉塔就往一边跑。

"什么情况？什么情况？"卡拉塔却是一头雾水的样子。

"想不明白，就甭（béng）想那么多啦，快跟我走吧，别磨磨叽叽了！"嘀嘀嗒说着，连拉带拽地把卡拉塔拖进了一旁的芦苇丛中，把有些手足无措的鸳哥单独留在了莺妹身边。

　　鸳哥自从认识了莺妹之后，就三天两头地往大漾荡那边跑，与卡拉塔和嘀嘀嗒玩耍的时间也没以前多了。渐渐地，卡拉塔觉得有些失落，他嘟着嘴跟嘀嘀嗒说："嘀嘀嗒，还是你够意思，鸳哥就是个重色轻友的家伙！"

　　"嘿嘿，吃醋啦？别忘了，我们只是小鹮鹮，人家可都是小鸳鸯啊。"嘀嘀嗒语重心长地宽慰道，"你看，鸳哥、莺妹，名字都是天作之合啊。是好朋友的话，就该祝福他们才对啊！"

　　"话是这么说没错，可心里不知怎么的，总还是有点儿不舒服……"卡拉塔拧着眉，一副不太开心的样子。

　　"那，我们要不干脆一走了之，变身回去得了？"嘀嘀嗒故意道。

　　"那不要！"卡拉塔把脖子一拧，语气坚决地说，"不告而别的事，我卡拉塔可不干！"

　　那天早晨，卡拉塔一觉醒来，身边只躺着还在呼呼大睡的嘀嘀嗒，鸳哥又不见了影子。

　　"嘀嘀嗒，嘀嘀嗒，你快醒醒呀，别睡了！"卡拉塔生气地把嘀嘀嗒推醒了。

　　"怎么啦？怎么啦？"嘀嘀嗒一脸茫然地坐起来。

"你就知道睡睡睡！你看，鸳哥又不知跑到哪里去了！"

"还能跑到哪里去？八成又是去找莺妹了呗。"嘀嘀嗒又倒头躺下，嘴里嘟哝着，"人家鸳哥去找莺妹，你来跟我发什么脾气，真是的，还不让我睡觉！"

"怎么一大清早又跑去了呢？"卡拉塔一屁股颓丧地坐下，眼神里充满了失望，口中喃喃道，"看来，他已经完全不在乎我这个朋友了，嘀嘀嗒，那我们还是走吧！"

"谁不在乎你这个朋友啦？没经过我的同意，你要去哪里啊？！"芦苇丛中忽然传来了鸳哥熟悉的声音，眼前的几支芦苇哗啦一下被掀开了，只见鸳哥背着一张荷叶钻进了巢窝。

"嘀嘀嗒！嘀嘀嗒！我说鸳哥不会丢下我们不管的吧！嘿嘿，你看，他回来了！"卡拉塔顿时眉开眼笑。

"当然不会不管你们啦，我们是最好的朋友嘛！"鸳哥把手中的荷叶往卡拉塔面前一递，"喏，这是大漾荡里最新鲜的水菱角，莺妹专门送过来给你俩吃的！"鸳哥说着，向身后的芦苇丛里招呼道，"快进来呀，莺妹。"

几支芦苇哗啦一声又被掀开，身形灵巧的莺妹红着脸蛋挤了进来。

卡拉塔张口从荷叶上啄了一颗鲜嫩的菱角，咔咔咔咬了几口，就吞了下去："好好吃啊，谢谢你，莺妹！"

十　美丽的莺妹

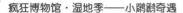

"不用客气的……"莺妹细声细气地说。

"咦，水菱角不是要到大热天才有的吗？现在才刚刚进入夏天，怎么就已经有菱角了呢？"嘀嘀嗒好奇地问道。

"所以这个才稀罕嘛！"鸳哥颇为自豪地说，"只有大漾荡里的水菱角，才是特别早熟的，今天一大早刚刚采下第一批，莺妹就给送过来了！"

"哇！谢谢莺妹！"卡拉塔和嘀嘀嗒异口同声地道起谢来。

四个小伙伴，又开开心心地在芦苇荡里玩起了游戏。

十一　向北迁徙

天气开始渐渐转热，夏天的脚步也越来越近了。鸳阿爸和鸯阿妈整天在芦苇荡里跑进跑出，忙忙碌碌的，不知在张罗着什么事情。

一个闷热的傍晚，鸯阿妈忽然郑重其事地把卡拉塔和嘀嘀嗒叫到了身边。

"孩子们，阿姨得跟你们说一件事。"鸯阿妈脸色凝重地说道。

"什么事啊，阿姨您说！"卡拉塔的心儿不由自主地咚咚咚咚越跳越快。

"是这样的。"鸯阿妈用双羽轻轻地拢了拢两只小鹏鹏，柔声道，"你们应该也看到了，鸳哥已经渐渐长大啦，所以我和鸳阿爸，还有鸯妹的父母认真商量了一下，打算今年夏天就给他们两个办婚礼……"

"哦，原来是鸳哥要结婚了啊！"卡拉塔大喜过望，他兴奋地扑闪着翅膀，开心地说，"这是大好事呀，真是太好了！鸳哥在哪儿呢？鸳哥在哪儿呢？我得去恭喜他！"

一想到鸳哥和鸯妹结婚之后，就可以生下萌萌的鸳鸯宝宝，卡拉塔就忍不住要笑出声啦。

"卡拉塔，你淡定一点，听阿姨把话说完。"嘀嘀嗒见卡拉塔开心得有些忘乎所以，忍不住提醒了一句。

"鸳哥要结婚了哎，他要当爸爸了哎，这样的大喜事，你说我能淡定得了吗？"卡拉塔往莺阿妈身边蹭了蹭，急切地问道，"那什么时候举行婚礼呢？我来给鸳哥当伴郎吧！对对，还有嘀嘀嗒，我们两个一起给鸳哥当伴郎！"

说着，卡拉塔又皱了皱眉头："哎呀！差点忘了，我得给鸳哥和莺妹好好准备一样礼物呀！嘀嘀嗒，你快帮我想想，送他们什么礼物好呢？"

卡拉塔还在兴奋地自言自语着，莺阿妈却在一旁轻轻地长叹了一口气："唉——"

"怎么了，阿姨？"细心的嘀嘀嗒注意到了莺阿妈的叹息。

"你们俩没办法参加鸳哥和莺妹的婚礼了。"莺阿妈的话就像一盆冰凉的冷水，猛然浇在了卡拉塔的头上。

"为什么呀？！"卡拉塔瞪大了眼睛，霎时愣在那里，"我和嘀嘀嗒是鸳哥最好的朋友啊，好兄弟结婚，我们怎么能不参加呢？"

"可是，我们得飞到遥远的北方，在那里为他们举办婚礼呀！"莺阿妈不舍地望着卡拉塔和嘀嘀嗒，眼眶里闪出了泪花，"大约再过个把月，我们就得上路了。我们走后，你俩要照顾好自己，记得一定要团结友爱，互相帮助，早睡早起，按时吃饭……"

这一晚，鸳哥和他的父母都没有回到芦苇荡来，他们都去了大漾荡，和莺妹的爸妈商量婚事去了。

"嘀嘀嗒，鸳哥的爸妈为什么一定要让他们飞到北方去结婚啊？这片三基鱼塘不是很好的嘛，干吗不在这里结婚呢？"夜深了，卡拉塔还是翻来覆（fù）去地睡不着，一想到再过三个多星期，就要和鸳哥一家分离了，他的心里就有说不出的难受。

"哎，卡拉塔，你也不是不知道，鸳鸯跟我们小鹛鹛不一样的。我们是留鸟，可以一直待在这里不用迁徙，可鸳鸯是夏候鸟呀，每到夏季，他们就得飞到北方去繁衍生息的。"

"知道当然是知道的，可我就是搞不明白，他们为什么非要当夏候鸟呢？北方有啥好的呀？非要赶去那么远的地方繁殖后代。"卡拉塔任性地说道。

"其实北方才是鸳鸯的家乡，他们来这里只是为了过冬的，所以天气一热，他们当然要飞回去啦！"嘀嘀嗒的万能博士模式再次开启，"再说了，迁徙虽然很辛苦，每天大约要飞两三百千米路，但却可以给他们带来许多好处哩！"

"有啥好处呢？"卡拉塔的好奇心上来了。

"好处可多啦！第一嘛，可以始终生活在最舒适的气候里，因为夏天这边会很热很热，而北方就比较凉爽了……"

"这倒是的。"卡拉塔点点头，"我们夏天可以躲在空调房间里，他们又没办法开空调的。"

"这第二嘛，迁徙还能为他们养育后代创造最合适的条件，因为鸟类养育后代需要大量的食物，而夏季的北方，湿地里的食物要比南方更加丰沛。"

"为什么夏天的时候，北方的食物会比南方多呢？"

"因为气候的原因啊，而且夏季的北方昼长夜短，昆虫也繁殖得特别快，这样亲鸟就能有机会充分收集食物，维持他们快速的身体代谢，并且最大量地孵（fū）育后代。"

"哦哦，那其他还有什么好处吗？"刨根问底是卡拉塔的强项。

"当然有了，还有好多好处呢，比如，北方的敌害比较少，脆弱的幼鸟就不会遭遇敌害的威胁；而且，迁徙还能大大扩展他们的活动空间，有利于抢占繁殖的地盘；还有，迁徙提供了鸟类种群向新的分布区域扩散的可能，增加了不同个体间接触和交配的机会，因此对物种进化也是很有意义的……"

"打住！打住！"卡拉塔不高兴地嚷了起来，"别说得那么文绵绵的，你的意思是说，他们迁徙到北方去，鸳哥就有机会认识更多的雌鸳鸯，可以把莺妹抛掉不要喽？呸呸呸！鸳哥才不会做这种缺德事儿呢！"

"嘿嘿，我只是说客观的现象嘛！"嘀嘀嗒坏坏地眨了眨眼睛，"鸳哥当然不会啦，他那么喜欢莺妹。"

"知道就好！"卡拉塔骄傲地一扬脖子，仿佛即将当新郎的不是鸳哥，而是他自己。

卡拉塔不知自己是什么时候睡着的，他只觉得一直在做梦，一会儿梦见鸳哥一家已经飞走了，他怎么找也找不到，心里那个急呀；一会儿又梦见鸳哥出现了，就静静地坐在他的身边。梦里，鸳哥对他说："好兄弟，我们不走了，一辈子就待在这片湿地里了……"

"鸳哥鸳哥，你们不走啦？那太好了！"卡拉塔一阵激动，他大声呼喊着，然后就突然醒了过来。

这时，他看到鸳哥真的就坐在他的身边，静静地望着他。

"卡拉塔，好兄弟，你醒啦？"看到卡拉塔睁开眼睛，鸳哥轻声问道。

"嗯……"卡拉塔坐了起来，心里突然一阵难过，他知道，刚才鸳哥说不走了，那只是在梦中的情景。事实上，鸳哥最终还是要离开这里迁徙去北方的，因为他是夏候鸟。

"卡拉塔，你已经知道了吧？我和鸯妹要结婚了。"鸯哥低下头，语气有些沉重，"爸爸妈妈说，我们得去北方举行婚礼，那儿气候好，虫子多，有利于我们养育后代……"

"我知道，我知道。"卡拉塔用力地点点头，故作轻松道。

"我们走后，你和嘀嘀嗒怎么办呢？"鸯哥担心地问道。

"你别担心啦，我们俩会相互照顾的。"卡拉塔的笑中带着一丝悲凉。

"卡拉塔，我们再去鱼塘里玩一回吧！"鸯哥忽然转身向芦苇荡外游去。

"好。"卡拉塔紧随着鸯哥游出芦苇荡，他们一前一后爬上了高高的田埂。

眼前还是那个碧绿而平静的池塘，岸边苍翠茂盛的海桐树上，那些香甜的白花却早已凋谢了，一颗颗圆圆的嫩果结满了枝头；还有那些郁郁葱葱的桑树，也挂满了微微泛紫的桑果儿。

这儿就是卡拉塔和鸯哥最初相识的地方。

"冲啊！"鸯哥突然大喊一声，扑啦啦地从田埂上直接飞进了池塘里。紧跟在后面的卡拉塔见状，赶紧抬起小短腿猛跑几步，一下子冲到了田埂的边缘，扬起小翅膀，眼睛一闭就向下扑去。

哗啦啦啦啦……卡拉塔也冲进了池塘里，身后溅起一片巨大的水花。

"哈哈哈哈，你这个没脑子的小丑鸭，胆子还是那么小呀！"鸳哥突然大笑起来。

卡拉塔愣了一下，随即也大笑起来："哈哈哈，瞧你那身花里胡哨的羽毛，简直俗到了家！"

"灰不溜秋的小不点，尖嘴猴腮！贼头贼脑！哈哈哈哈……"鸳哥继续大笑。

"可笑的大帽子！肥肥的大屁股！哈哈哈哈……"卡拉塔也不客气地回敬着。

这对即将分别的小伙伴，在清澈的池水中追逐着、嬉闹着，他们用这种相互取笑的方式，重温着最初相识的情景。

树上的小鸟们都停下了鸣叫，一只只睁着溜圆的眼睛；岸边的青蛙、田鼠、蜗牛、蚂蚱都停下了脚步，一个个张大了嘴巴；

　　　　　　　十一　向北迁徙

还有空中飞舞的蝴蝶、蜻蜓、蜜蜂，都呼啦啦地飞出老远，大家万分惊讶地观看着水面上的这出"闹剧"，不知道究竟发生了什么。

"鸳哥大坏蛋，你是大恶魔，连可爱的蚕宝宝都要吃！"卡拉塔说着说着，声音忽然有些哽咽起来。

听到卡拉塔的喊声，岸边桑树上的蚕宝宝稀里哗啦一阵躁动，瞬间都缩着脖子躲到了桑叶后面。

"卡拉塔，你也是小坏蛋，你也要吃小鱼儿、小虾儿、小蝌蚪！"鸳哥大喊一声，眼里早已噙（qín）满了泪花。

哗——哗——哗——在水面上浮头观望的鱼虾和蝌蚪赶紧掉转身子，遁下水去游出了老远。

"闹吧！闹吧！以后就再也没有机会这样争争吵吵、打打闹闹了！"嘀嘀嗒不知什么时候也来到了池塘边，望着这对哭哭笑笑的小伙伴，他的心里也有说不出的滋味。

十二 深情的回望

分别的时刻终于来到了，这天清晨，宁静的池塘忽然被一阵骤起的喧闹声给打破了。

渐渐映红了水面的霞光中，叽叽喳喳的鸣叫声响成了一片，数不清的鸳鸯、夜鹭、绿头鸭、苦恶鸟、黑水鸡……各种候鸟就像一架架昂首矫健的小飞机，不断地从水面上凌空而起，向着蓝天翱（áo）翔而去。

"绿阿叔，你们准备飞去哪里呀？"一只胖胖的夜鹭张着尖尖的长嘴，问正在附近等待起飞的绿头鸭。

"去西伯利亚，那里有大片的泥炭沼泽地。"绿头鸭轻描淡写地说道。

"哇！那么远啊，好厉害！"夜鹭缩了缩脖子，惊叹一声。

"你们咧？打算去哪里？"绿头鸭问道。

"我们飞不了那么远，就只能去东北的扎龙湿地算啦。"

"哦，扎龙也很不错的，那里还是丹顶鹤的故乡呢！"

"是啊，我在那儿还有好几位丹顶鹤朋友呢，约好了今年夏天要在那边聚会的！"夜鹭颇为骄傲地说。

这时，几只黑水鸡和苦恶鸟也从草滩上陆续跳入水中，哗啦哗啦地游了过来。

　　"咦，你们也要参加迁徙啊？不打算留下来吗？"夜鹭一脸的好奇，在他的印象中，黑水鸡和苦恶鸟总是在草滩上跑啊跑的，很少见他们飞的呀，莫非他们也有长途飞行的本领？

　　"嘿嘿，我们当然比不了你们这些飞行高手啦。"苦恶鸟苦啊苦啊地喊了几声，谦虚地说道，"不过嘛，这里的夏季实在是太热了，真让人受不了！所以我们打算飞到长江以北，找个稍微凉快一点的地方去避避暑就行了。这种短距离飞行嘛，我们还是可以搞定的。"

　　就在各种候鸟们纷纷踏上旅途，向北飞去的时候，鸳哥一家和鸯妹一家也早早地收拾好了行装，汇聚在了芦苇荡的边上。

　　鸳阿爸和鸯阿妈向昔日的邻居好友们一一道别，鸳哥、卡拉塔和嘀嘀嗒三个小伙伴更是依依不舍地拥抱在了一起。

　　"卡拉塔，嘀嘀嗒，我们走后，这个家就交给你俩啦！"鸳哥拉着两位好兄弟，眼神切切地叮嘱道，"等夏季过去了，天气再转凉的时候，我们还会回来的，到时候，我们就又可以见面了！"

　　"真的吗？你们还会回来啊？"卡拉塔有些意外。

　　"是的呀，等这边的芦花开了，柿子红了，我们也就回来了。

所以，你们哪儿也别去哦，就住在这里，等着我们回来好吗？"

卡拉塔一时竟不知道该怎么回答，因为他很清楚，等鸳哥他们向北迁徙之后，他和嘀嘀嗒就该穿越回到现实中去了。所以，与鸳哥的这一次道别，就将是一次永别了。但是看到满心期待着再次跟他们重逢的鸳哥，他实在不忍心说出"永别了"这三个字。

"嗯嗯！到时候，你不仅要把鸳妹完好无损地带回来，而且还要把你们可爱的小宝宝一起带回来哦！"嘀嘀嗒在一边故作愉快地说道。其实卡拉塔知道，他也只是想把气氛搞得开心点，才故意撒这个善意的谎言的。

"鸳哥，我们该走了！"鸳阿爸一边招呼着，一边向两只小鹨鹨摆摆手，"孩子们，再见啦！"

"好孩子，一定要照顾好自己哦，我们秋天再见！"鸳阿妈上前轻轻地拥抱了一下两只小鹨鹨，拉着鸳哥依依不舍地转过了身。

呼啦啦——哗啦啦——哗啦啦——，几只鸳鸯冲天飞起，迅速组成了一支小小的队伍。

"卡拉塔，嘀嘀嗒，我的好兄弟，再见啦！"鸳哥高呼着，向着云霄破空而去。

十二 深情的回望

候鸟们一批一批地飞走了，喧闹的三基鱼塘又重新恢复了往常的宁静。卡拉塔和嘀嘀嗒呆呆地漂浮在水面上，愣了好久，这才回过神来。

　　"卡拉塔——"嘀嘀嗒望了好伙伴一眼，轻声道，"这下，我们真的该回去了吧？"

　　"嗯——"卡拉塔神情低落地嗯了一声，别过脸，用翅膀揉了揉眼睛，"嘀嘀嗒，你应该不会离开我的吧？"

　　"我们的小英雄、大学霸，怎么变得这么多愁善感啦？你放心啦，我又不是候鸟，永远都不会离开你的啦！"嘀嘀嗒的话终于把卡拉塔又逗乐了。

　　"那你做好准备，我们这就回去啦！"嘀嘀嗒举起了挂在胸前的银口哨。他向来这样，说走就走，雷厉风行。

　　"等等等等！"卡拉塔赶紧摇着手大喊起来。

　　"还等什么等？别忘了，你回去还有一篇500字的观察记录要写呢！"嘀嘀嗒举着口哨，奇怪地问。

　　"就是为了更好地完成这个作业嘛，我还想去找一样东西！"卡拉塔忽然变得神神秘秘起来。

　　"哎呀，就你事儿多！"嘀嘀嗒不耐烦地问道，"到底是什么东西啊？"

　　"你跟我来，等会儿你就知道了。"卡拉塔说着，转身向池塘

另一边的桑树林游去。

　　他们在一棵枝丫繁茂，枝叶一直延伸进了池塘的桑树下停了下来。卡拉塔转动着小脑袋，这边看看那边看看，忽然伸出一对翅膀往前接去，口中还喃喃道："有了！有了！这里！这里！"

　　一粒粒黑色的"小地雷"忽然从桑树叶上洒落下来，就像从树上飘下来的一片"黑雨"，落在了卡拉塔的双翼上。

　　"我还当是什么好东西呢，原来就是蚕宝宝的便便啊！"嘀嘀嗒扑哧一声笑了起来，"卡拉塔，你不是脑壳坏掉了吧？拿这些蚕宝宝的粪便做什么呀？"

"我们来了三基鱼塘一趟，回去什么有纪念意义的东西也没带，多遗憾呀！"卡拉塔振振有词地说道，"我把这些'小地雷'带回去，取一部分出来，跟观察笔记一道交上去，不是更有说服力吗？这样的作业我们生物老师一定会喜欢的！"

"这倒是的。"嘀嘀嗒似乎有点被说服了，"不过你干吗只交一部分呢？还有一部分蚕宝宝粪便你打算留着做啥呀？"

"留着当纪念啊！我和鸳哥就是因为蚕宝宝，才不打不相识的。看到这些'小地雷'，就像看到了鸳哥一样……"卡拉塔捧着那些蚕宝宝的粪便，一副爱不释手的样子。

"可变身通常是不允许带走任何东西的哦，要不然下次你穿越到卢浮宫去，把人家的世界名画都给带走的话，那不是闯大祸啦？"

"那不会的啦！"卡拉塔哀求道，"这些'小地雷'只是蚕宝宝的便便嘛，又不是什么珍贵的东西，你就帮帮忙嘛！好不好？我知道你可以的啦，你是超级无敌小神鼠嘛！"

卡拉塔一番连哄带捧，弄得嘀嘀嗒也没辙啦，只好摇着小脑袋叹气道："真拿你没办法，好啦好啦，下不为例哦！"

"卡拉塔，我们不能再耽误了，得抓紧时间走了！"

"好的，好的，那就走吧……"卡拉塔话音未落，就听嘀嘀嗒高呼一声："跟我走，潜水！"

说完，就俯下身子，翘起肥嘟嘟的小屁股，骨碌一下钻进了水里。

"这么麻烦呀？还得钻到水下去变身！"卡拉塔急忙一个猛子扎进水中，向嘀嘀嗒追去。

他们游啊游啊，忽然，嘀嘀嗒又喊了一声："现在我们再上去，记住，不要犹豫，一定要快快地冲上去！"说完就掉头向水面冲了上来。

"这个臭仓鼠，又来为难我！"卡拉塔嘴上抱怨着，却紧跟着嘀嘀嗒，一点也不敢迟疑。

就在他们快要接近水面的时候，卡拉塔终于听到嘀嘀嗒吹响了口哨。

咻——咻——咻——

随着三声奇异的口哨声，卡拉塔一头冲出了水面，猛然跌坐在了一张宽大的椅子上。

原来已经回到了博物馆的4D影院之中！

四周一片漆黑，只有正前方的大荧幕上，还在放映着栩栩如生的立体电影。卡拉塔下意识地捏紧了拳头，忽然感觉手心里

十二 深情的回望

硌硌的，像有什么东西一样。他轻轻地摊开手掌，借着电影的幽光仔细一看，哈哈，原来是满满一手掌心的"小地雷"！

哈哈，这个嘀嘀嗒，还是靠得牢滴！

这个小精怪呢？卡拉塔心中一喜，下意识地伸手往前一摸，这才发现，一个毛茸茸的标本仓鼠已经静静地躺在了卡拉塔的腿上。

嘀嘀嗒好心急呀，怎么都不跟我打声招呼，就直接从小鹧鹕变回了标本。哼！还说永远不离开我的呢！

坐在黑暗而又空旷的影院里，卡拉塔忽然觉得有些孤单，又有些害怕。他猛然想起了坐在第一排的那个黑衣人，那个在湿地里差点将他们置于死地的偷猎者，身上不禁打了两个寒颤。

借着微光，他偷偷地向前望去，咦？前面怎么空空如也的，那神秘而又可怕的黑衣人已经不见了踪影。

吁——卡拉塔长长地舒了一口气，身体往后一仰，靠在了大椅子上。他打算索性把这部电影看完了再走。

"每年的四月份，三基鱼塘里的候鸟们就会陆续地向东北迁徙，到那里繁育他们的下一代……"醇厚的画外音从四面传来，荧幕上突然出现了一个正在往前奋力翱翔的鸳鸯背影，那么活灵活现，那么栩栩如生，仿佛就在卡拉塔的面前，触手可及。

鸳哥！是鸳哥！即便只是背影，卡拉塔也能一眼认出。

　　荧幕上，特写的鸳哥忽然回头一瞥，明亮的眼神中闪过一丝泪光，仿佛在说：再见了，我的好兄弟！

十二　深情的回望

图书在版编目(CIP)数据

小鹛鹛奇遇 / 陈博君著． — 杭州：浙江大学出版社，
2018.6
（疯狂博物馆·湿地季）
ISBN 978-7-308-18022-1

Ⅰ．①小… Ⅱ．①陈… Ⅲ．①自然科学－儿童读物 Ⅳ．
①N49

中国版本图书馆CIP数据核字(2018)第037538号

疯狂博物馆·湿地季——小鹛鹛奇遇

陈博君　著

责任编辑	王雨吟
责任校对	於国娟
绘　画	柯　曼
封面设计	杭州林智广告有限公司
出版发行	浙江大学出版社
	（杭州市天目山路148号　邮政编码　310007）
	（网址：http://www.zjupress.com）
排　版	杭州林智广告有限公司
印　刷	杭州钱江彩色印务有限公司
开　本	710mm×1000mm　1/16
印　张	8.5
字　数	75千
版 印 次	2018年6月第1版　2018年6月第1次印刷
书　号	ISBN 978-7-308-18022-1
定　价	25.00元